南方海洋科学与工程广东省实验室（珠海）
资助出版

大气科学人才论

陈盛荣 编著

U0247953

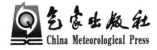
气象出版社
China Meteorological Press

内容简介

气象事业是科技型、基础性、先导性社会公益事业,人才在气象事业发展中发挥着至关重要、不可替代的作用。本书围绕大气科学人才培养这一主题,进行了多方面的深入探讨。全书共八章,分别为:大气科学人才基本知识、大学是培养大气科学人才的主要阵地、科学研究在大气科学人才成长中的地位、学科发展是大气科学人才培养的主要依托、创新在人才成长中具有关键作用、大气科学人才的微观管理、大气科学人才的宏观管理、向世界一流进军。本书不仅有助于大气科学专业的学生更好地成长成才,而且有助于气象部门及其他有关部门更有效地引进人才、培养人才、使用人才;对于其他学科以至各行各业的人才工作,也具有一定参考价值。

图书在版编目(CIP)数据

大气科学人才论 / 陈盛荣编著. -- 北京 : 气象出版社, 2024. 9. -- ISBN 978-7-5029-8253-9

Ⅰ. P4

中国国家版本馆 CIP 数据核字第 2024VQ0326 号

大气科学人才论

DAQI KEXUE RENCAI LUN

陈盛荣 编著

出版发行:气象出版社

地　　址:北京市海淀区中关村南大街 46 号　　　**邮政编码**:100081

电　　话:010-68407112(总编室)　010-68408042(发行部)

网　　址:http://www. qxcbs. com　　　**E-mail**:qxcbs@cma. gov. cn

责任编辑:殷森 邵华　　　　　　　　　　　**终　　审**:张斌

责任校对:张硕杰　　　　　　　　　　　　　**责任技编**:赵相宁

封面设计:艺点设计

印　　刷:三河市君旺印务有限公司

开　　本:710 mm×1000 mm　1/16　　　　　**印　　张**:10.75

字　　数:217 千字

版　　次:2024 年 9 月第 1 版　　　　　　　　**印　　次**:2024 年 9 月第 1 次印刷

定　　价:56.00 元

序　言

　　大气科学是地球科学这一人类七大基础学科之一的重要组成部分,与人类的生存和发展息息相关。我的父亲陈世训教授是中山大学大气科学学院的前身——中山大学地理系气象专业的主要创始人。通过听取父亲与同事、朋友的一些交谈,以及阅读父母家中的丰富藏书,我对气象学知识有了一定的积累。在"上山下乡"的岁月里,我深深感受到气象与农业的密切关系,而我国当时的农业发展情况是比较令人担忧的。1977年恢复高考,我报考志愿之一是中山大学气象专业,但因高考后个人身体原因,我最终走上了另一条事业道路。而妹妹陈天红1979年有幸考上了中山大学气象系本科,本科毕业后继续攻读气象专业硕士研究生,后又到澳大利亚大学攻读气象学博士学位,并成为博士后,是5个兄弟姐妹中唯一一个气象学科的高层次人才。

　　我先后在中山大学多个部门工作,并在经济学、管理学等领域进行深造,但对气象的情感一直深藏在心里。20世纪90年代,气象经济学发展很快,我曾有往这方面努力的想法,也与父亲交流过,但因条件不具备,最终放弃。后我有幸得到我国著名人才学家、原国家人事部中国人事科学研究院院长王通讯研究员的指导,走上了对人才学、创新学研究的道路,先后出版了多部有关专著,逐步成为我国这方面的知名研究者之一。人才学与气象学交叉融合,也是为大气科学做贡献的重要途径。2015年是我父亲诞辰100周年,当时我就有写一本《气象人才学》的考虑,但由于种种原因最终没有启动。2021年,我到中山大学珠海校区参观落成不久的中山大学大气科学学院大楼,还参观了院史馆等,亲身感受到我国大气科学的蓬勃发展。发展大气科学关键是人才,作为气象学人的后代,我认为自己应该将父亲等老一辈气象学家的成才经验和优秀品德写出来,以教育和激励年轻人,为我国大气科学的发展做一点贡献,故我写作该书的热情又重新燃起,最终完成此稿。

　　本书介绍了大气科学人才的定义和种类等基本知识,人才成长的主要规律,高水平大气科学人才有效培养的主要渠道,创新在人才培养中的关键地位,讨论了如何有效引进人才、使用人才、留住人才,还介绍了国际大气科学发展的主要趋势,以及呼吁主动向世界一流学科进军,对我国高水平气象人才的培养工作,具有一定参考价值和促进作用。

本书的写作,得到了我国气象界国内外多个朋友和家人的大力支持,特别是得到了南方海洋科学与工程广东省实验室(珠海)的出版资助,在此一并表示衷心感谢!

由于条件所限,本书对大气科学人才的研究难以做到全面深入,希望起抛砖引玉之作用。

陈武荣

2024 年 6 月

目 录

第一章　大气科学人才基本知识

第一节　人才的基本知识

一、人才的地位和作用

人才资源是科学发展和技术进步的第一资源,也是建设现代化强国的关键。人才强国战略是我国全面建成社会主义现代化强国的基本战略之一,人才在现代化发展中起着基础性、引领性的重要作用。而战略性科学家等高层次人才,特别是世界级大师,则是我国人才队伍中的佼佼者,也是我国建设现代化强国的紧缺人才。

二、人才的含义和类别

(一)人才的含义

2010 年 6 月公布的《国家中长期人才发展规划纲要(2010—2020 年)》,在序言中对人才是这样定义的:人才是指具有一定的专业知识或专门技能,进行创造性劳动并对社会做出贡献的人,是人力资源中能力和素质较高的劳动者。人才是我国经济社会发展的第一资源。

人才学家对人才的定义是:人才是指那些具有良好的素质,能够在一定条件下通过不断地取得创造性劳动成果,对人类社会的发展产生了较大影响的人。

这个定义告诉我们:

1. 人才必须具有良好的素质,这包括两种情况:(1)人才必须在德智体诸方面具有较高的综合素质;(2)有某种特长,其他素质一般。良好的综合素质是判断人才的内在标准。

2. 人才必须不断地取得创造性劳动成果,这是判断人才劳动性质的外在依据。人类的劳动按其性质或层次来划分,可分为模仿性劳动、重复性劳动和创造性劳动三种类型。前两种劳动都是以继承性劳动为重要特征,其结果只能是将前人创造出来的劳动形式和经验进行重复,劳动者本身没有发明创造,因而无论在劳动经验还是在劳动成果的价值上都没有多大提高。这两类劳动对推动人类社会的进步和增强劳动者自身的素质所起的作用不大。创造性劳动的特征则是创新,它在前人知识、经验的基础上,有所创新,有所突破,有所发展。从事创造性劳动的人,既能够取得比前人更大的成就,同时还能够在创造性劳动的过程中,更好地提高自身的素质。人才不同于一般的劳动者,最本质的一点就在于他能够以自己创造性的劳动超越前人和常人,甚至引领时代。人才只有向社会提供了创造性的劳动成果,才能证明他的贡献高于一般的劳动者。如果离开了内在标准和外在依据,就不能科学地鉴定人才。但重复性劳动和模仿性劳动也不应被轻视,它们往往是创造性劳动的基础。

3. 外部条件包括生活、工作和学习条件,它们是人才进行创造性劳动的必要因素,如果缺少,人才就无法很好地施展才华。

4. 人才是通过其创造性劳动或特殊才能为社会做出贡献的人,其创造性劳动成果必须能够推动社会的前进。如果做出的成果被闲置起来没有对社会做出积极贡献,或其成果对社会产生的是消极作用,就谈不上推动社会进步和引领时代发展。

简单地说,人才就是高素质的能推动人类进步事业向前发展的人。综合素质是基础,创造成果是关键,积极贡献是目的。

因此,我们对待人才要坚持德才兼备原则,把品德、知识、能力和业绩作为衡量人才的主要标准,学历和资历是成才的重要条件,我们要追求高素质、高学历,但这些均不是人才成才的决定条件,决定条件是高成就。

（二）人才的类别

1. 按照人才的职称,可将人才划分为初级人才、中级人才、高级人才。

2. 按照人才的作用,可将人才划分为青年人才、骨干人才和领军人才。

3. 根据人才的特长,可将人才划分为理论型人才、技术型人才、管理型人才、战略型人才、战术型人才等。

4. 以年龄为标准,可将人才划分为中青年人才和老年人才。

5. 按行业或职业,可将人才划分为党政管理人才、教学科研人才、企业经营管理人才、专业技术人才、高技能人才等。

三、人才的本质属性

本质属性是事物的根本性质。人才之所以和非人才有区别,就在于人才有其特有的本质属性。

（一）创新性

人才的创新性,是指人才能够在继承前人优秀成果的基础上,经过艰苦探索,创造出新的成果。这种成果可能是物质成果,也可能是精神成果。

人才的创新性主要表现:一是创新精神是人才最本质的特征。因为创新是人类认识世界和改造世界的新成果,不少发明成果具有提高工作效率,提高劳动成果的质量的功能。在科学技术飞速发展的今天,创新精神是衡量人才的重要标志。二是人才应该具有一定的专门知识(不仅指书本知识,也指社会实践知识)和较强的能力,特别是创造能力。三是人才能进行创造性劳动。只有能够从事创造性劳动的人,才能实现人类对客观世界的认识和改造在广度和深度上的不断突破。人才能用自己创新性的劳动打破常规,能用新的理论、新的学说取代旧的理论、旧的学说,能用新的思维方式、行为方式去更有效地解决问题,从而为人类社会的进步做出较大贡献。

(二)先进性

人才的先进性或进步性,是指人才应该走在时代的前列,代表先进的社会生产力和社会发展方向。人才先进性的主要表现:一是他们走在时代的前列,是人群中的精英;二是他们的综合素质较高,又掌握着现代科学技术;三是他们对社会发展的推动力非常大。

人才的先进性,具体可体现在人才的价值性。美国人评价钱学森"一个人可以顶五个师",体现了人才所提供的价值是普通人的多倍。关于人才的价值,将在后面进一步讨论。

(三)时代性

人才的时代性指人才具有一定历史时期的属性。无论是人才的成长,还是其作用的发挥,都要受到其所生活的那个历史时代的制约。人才只能在当时社会所能够提供的条件的范围内活动,但也能够凭借个人才能,创造出那一个时代一般人难以做出的成果。

人才是社会的人才,要受其所在的时代的限制。任何人才都不可避免地被打上特定时代的烙印。只能在时代提供的可能条件下发挥自己的作用。如毛泽东充分利用了当时中国人口以农民为主和农村地区地域广阔等外因条件,领导中国共产党走农村包围城市的道路,取得了新民主主义革命的胜利,建立了中华人民共和国。一个人要成才,一定要充分利用时代提供的各种条件,这样才能充分发挥自己的作用。

在现代社会中,人才的基础性、战略性支撑作用越来越凸显,如中国式现代化,是人才引领驱动的现代化,是人才高质量发展的现代化,也是聚天下英才而用之的现代化。

人才必须得到社会的承认,才能更好地发挥作用。如职称的评定或成果评奖过程就是社会承认的过程。

(四)层次性

人才的层次性除了有初级、中级和高级人才之分外,还有行业级、省市级、国家级、世界级和世界顶级人才之分,其中院士属于国家级,诺贝尔科学奖获得者属于世界级。

(五)时效性

人才的时效性,指人才素质的形成和作用的发挥在不同的时间具有不同的效果。学习知识、培养能力和创造成果也有最佳时间,人才被耽误、被埋没,往往是因为人才成长和发挥作用错过了最佳时机。

以上这些人才的本质属性中,创新性反映的是人才的最本质属性;先进性反映的是人才的作用代表着社会发展的方向;时代性反映的是人才所起的社会历史作用;时效性则表明人才能量的形成和释放有特定的时间,人才也是动态变化的。这些属性有机结合在一起而不可分割,它们相辅相成,共同构成一个统一的整体。

它们之间的关系是:创新性是先进性、时代性的基础;先进性是创新性的方向;时代性则制约着创新性、先进性和层次性的发挥程度;时效性反映人才的变化,它影响到其他属性。所以人才的本质属性就是创新性、先进性、时代性、层次性和时效性的统一。

四、人才的价值

人才之所以不同于一般人,就在于前者的价值比后者高。开发人才、使用人才,都是围绕价值进行的。开发人才是形成价值和提高价值的过程,使用人才是发挥其价值作用的过程。

(一)人才价值的含义

价值属于关系范畴,从认识论上来说,是指客体(如人才)能够满足主体(如社会)需要的效益关系,是表示客体的属性和功能与主体需要间的一种效用、效益或效应关系的哲学范畴。价值在多个学科领域都是一个重要的概念,如在马克思主义政治经济学里,商品是使用价值和价值的统一。而人才价值是指人才在社会实践活动中以自身的属性和功能满足社会和他人发展的需要。人才价值往往是难以测算的,如孔子的一些精辟思想跨越了 2000 多年时空后仍闪耀着光辉,毛泽东多次在危机中挽救了中国革命,邓小平开创了中国特色社会主义道路等。

(二)人才价值的类型

以物质和精神为标准,人才价值类型可分为物质价值和精神价值。人才的物质价值是指人才以自己创造的物质成果来满足社会和他人发展的物质需要。人才的精神价值是指人才以自己创造的精神成果来满足社会和他人发展的精神需要。

根据人才成长和发展的过程来划分,可将人才价值分为潜在价值、现实价值和未来价值。

根据人才作用发挥的程度,可将人才价值分为高价值和低价值。

(三)人才价值的表现形式

1. 人才的持有价值

人才的持有价值,是指人才在自身素质处于相对稳定状态下所具有的价值。

人才持有价值的高低,取决于人才内在素质的优劣及其结构形式。因此,较高的人才持有价值取决于两个因素:一是人才内在素质要好,二是各素质(如德智体、知识和能力)之间必须有一个良好的结构形式。

人才持有价值随人才资本的不断增加而增加。客观地说,学历不同,人才持有价值是不相同的。我国要努力建设世界重要的人才中心和创新高地,加快建设气象强国,就需要更多的高学历的高层次人才。但如果能够做到持续学习,对自己的才能不断"充电",低学历者也可以有较高的持有价值。

2. 人才的发挥价值

人才的发挥价值,是指人才的素质在外化过程中表现出来的价值,如废寝忘食地工作就是发挥价值的一种状态。

人才发挥价值的大小,通常取决于以下几个方面。

(1)人才是否有输出价值的积极性。

(2)社会是否为人才提供价值输出的必要条件,也就是社会或单位能否为人尽其才提供必要的活动舞台、工作条件和良好的人际关系。

(3)人才素质外化的难易程度。难的价值高,易的价值低。

但无论外因条件如何,人才输出价值的关键还是在于人才的内因。如陈景润在身处逆境时仍坚持进行科学研究,叶剑英元帅"不用扬鞭自奋蹄"的人生态度,以及河南林县人民在恶劣自然环境下自力更生艰苦奋斗创造了"红旗渠"这样的人间奇迹等。

3. 人才的转化价值

人才的转化价值,是指人才在价值输出后,实际转化为具体成果的那部分有效价值。人才的这种价值形式由于凝结在具体成果中,所以它是以某种具体成果表现出来。

人才的转化价值受以下因素影响:一是思想素质(理想、事业心、责任感、积极性);二是专业知识和专业能力,尤其是创造能力;三是工作方法;四是环境、他人的合作与支持。

4. 人才的社会价值

人才的社会价值,是指人才被社会所承认的那一部分转化价值。

在以上四方面的价值中,持有价值是基础,发挥价值是中介,转化为有效价值是根本,实现社会价值是关键。而我们讲的人才价值,从广义上来理解,包括上述四种价值,从狭义上理解,专指人才的社会价值。

第二节　大气科学人才的基本知识

一、定义

狭义的大气科学人才,指在一定的历史条件下,具有较好专业素质和综合素质,进行创造性劳动并对促进大气科学发展做出积极贡献甚至是较大贡献的人。

广义的大气科学人才,除上述的狭义大气科学人才外,也包括从大气科学专业毕业并在各行各业做出积极贡献甚至较大贡献的人。

二、层次

大气科学人才的层次主要有世界顶级、世界级、国家级、高级、中级等,其中获得诺贝尔科学奖或罗斯贝奖的大气科学家是世界级或世界顶级的;获得我国国家最高科学技术奖的大气科学家也应是世界级的;我国两院院士中的大气科学家或得到中国气象局等国家级单位表彰的可看作是国家级;获得高级及高级以上技术职称的大气科学工作者均为高层次人才,以此类推。加快建设气象高层次人才梯队是建设气象强国的迫切需要。

三、种类

(一)从气象主要专业领域来分类

包括:气象预报人才、气象服务人才、气象监测人才、气象信息技术人才、气象业务支撑人才和气象其他人才。

（二）从重要性等来分类

包括：战略科技人才、科技领军人才和创新团队、青年科技人才、高精尖缺人才等。

（三）从层次来分类

包括：高层次人才、基层基础人才。

（四）从来源来分类

包括：自主培养人才和引进人才。

（五）从工作范围来分

包括：国内人才和国际化人才。

（六）从气象特色和岗位特点来分类

包括：气象部门人才和气象行业人才。

（七）纵向分类

1. 直接为大气科学发展做出积极贡献的，包括：
(1)从事大气科学研究工作的科技工作者；
(2)从事大气科学教育工作的教育工作者；
(3)气象行业战略科学家、领导干部和基层管理干部；
(4)各类专业技术人员；
(5)气象行业实验室工作人员；
(6)气象行业后勤保障服务人员。
2. 间接做出贡献的，包括：
(1)大气科学学院专业毕业而在非大气科学领域做出突出贡献的人员；
(2)对大气科学发展做出重要贡献的有关领导干部、海内外各界人士等。

（八）横向分类

可分为理论型、应用型、技术型、管理型、综合型大气科学人才等。

四、特点

由于大气科学事业是高科技、基础性和先导性的社会公益事业，故现代大气科学人才必须具有高素质、高学历、高技术、高成就等特点。

第三节 人才成长的基本条件

人才学认为,影响人才成长的基本因素有素质、教育、环境、实践和主观能动性这五个方面。

一、素质

素质指综合素质,包括先天素质和后天素质。

先天素质是相对于后天习得素质而言的,俗称禀赋、天资、天赋,主要是由遗传因素决定,并受环境、教育等因素影响。先天素质具有基础性、差异性和潜在性的特点,如一些著名运动员、歌唱家、语言家的天赋等。先天素质与成才密切相关,是人才成长和发展的前提和基础,是施加后天影响的载体和条件,我们既反对遗传决定论,也反对完全否定遗传的作用,只有先天素质和后天素质的共同提高才能推动人才的成长和发展。后天素质主要是在各类教育和实践中形成和提高的。

二、教育

教育是使自然人变成社会人的培育过程。教育主要分为家庭教育、学校教育、社会教育和自我教育。婴儿出生后,就开始受到父母和周围环境的影响。父母(也包括直接抚育、照顾小孩的人,如保姆、育儿嫂、帮忙带孩子的祖父母等)是孩子的第一任老师。学校教育分为普通教育(学前教育、小学教育和中学教育)、高等教育(包括大专、本科、硕士和博士层次)、职业教育(包括中专和职业技术学院等)和终身教育。在人才成长中,由教育带来的学习力、创新力和就业力在成才过程中具有很重要的意义,是人才核心竞争力的主要内容。如我国著名气象学家曾庆存,他虽来自普通家庭,但教育使他的综合素质明显提高,后来考上北京大学物理系,不久又根据国家需要攻读气象学,最终成为著名大气科学家。

三、环境

环境是相对于某个主体而言的,指主体之外的一切事物,既包括物质的也包括非物质的,既包括自然的也包括社会的。环境可分为小环境、中环境和大环境。家庭属于小环境,学校、单位等属于中环境,社会是大环境。古有"孟母三迁"的典故,今有"学区房"等社会现象,这些都代表了身处环境中的个体对良好环境的选择。

　　在众多环境因素中,父母、家人的影响对人才成长具有重要的外因作用。中华民族有悠久的"唯有读书高""黄金非宝书为宝"和"青春易老须勤学"等文化传统。在部分杰出气象学家中,有不少来自农村,如黄荣辉、高由禧、吕炯、李宪之等,国家最高科学技术奖获得者曾庆存院士还是来自比较贫寒的农民家庭。曾庆存院士的父母不仅教育子女要刻苦读书,而且为子女读书积极创造有利条件,经常点着火把陪着孩子挑灯夜读。年少的努力以及父母的谆谆教诲,最终使曾庆存如愿考上北京大学,为他一生的成就奠定了最重要的基础。如华裔诺贝尔物理学奖获得者崔琦,他虽然出生在河南省一个普通的农村家庭,但是良好的教育环境造就了他。再比如,安徽省涌现出叶笃正、章基嘉、丁一汇、宛敏渭等多位杰出气象学家,江西省涌现出谢光道、陈世训、罗会邦、梁必琪等多位著名气象学家,这都不是偶然的,人才辈出的现象,从某种程度上体现出了这些省份的文化底蕴。人才的成长是一个长期的过程,很多时候,如果没有一定的条件,是很难坚持下去的。

　　另外,机遇也属于一种外因环境,善于抓住机遇是人才更快成长的重要条件。

　　相互支持、相互理解的夫妻关系也是一种小环境,如我国气象学家、南京大学气象系陈其恭教授的先生魏荣爵教授是我国著名声学家,也是中国科学院院士,在人生的道路上,他们相互扶持,魏荣爵教授当年博士论文中有关气象学知识的部分得到了陈其恭的很大帮助。此外,他们共同应对了人生道路上遇到的不少风雨。

　　子承父业,既是杰出人才成长的重要阶梯,也是一种小环境文化氛围影响的结果,赵九章的女儿赵燕曾、谢义炳之女谢庄等都是气象学家……

　　家族也是一种小环境。我国"钱"姓家族中出了不少杰出人才,例如钱学森、钱三强等,这与其家族的价值观和文化氛围有很大关系。著名气象学家伍荣生本身是中国科学院院士,其家族还有多位中国科学院院士,如他的堂叔父伍献文是中国科学院水生生物研究所的研究员、中国科学院院士,他的姐夫刘建康是中国科学院水生所鱼类学家、中国科学院院士,他的表弟孙义燧是天体力学家、中国科学院院士。

　　朋友的帮助,"伯乐"的发现,也是小环境,如钱三强劝叶笃正放弃自己喜爱的物理专业,选择对国家更为实用的气象专业;又如涂长望、竺可桢介绍高由禧到中央研究院气象研究所给赵九章、竺可桢当助理研究员等。

　　中环境指的是就读学校、工作单位等,固然是属于一定程度上的客观条件,但也需要每个立志成才者充分发挥自己的主观能动性在其中寻找机会、抓住机会。竺可桢刚开始在美国伊利诺伊大学学农,毕业后便转入哈佛大学地学系攻读与农业有密切联系的气象学。著名冰川学家秦大河教授虽毕业于兰州大学地质地理系,但后来被分配到了甘肃省和政县第一中学教数学,工作与他后来从事的冰川研究没有必然联系。1974年他放暑假路过兰州,到中国科学院兰州冰川冻土研究所拜访施雅风和谢自楚两位老师,从此人生道路发生了转折。1978年5月,他被调进中国科学院冰川冻土研究所,先后考取了兰州大学地理科学系硕士和博士研究生,成为了冰川研究的专家。

大环境指社会环境和区域、国家、世界的发展大势等。如改革开放后,不少人抓住机会到国外发达国家留学或进修,这明显提高了高校气象学师资队伍水平和科研院所科研人员的学历层次,也明显缩小了中国大气科学水平与国际先进水平的差距。如著名气象学家丑纪范、陈联寿、符淙斌等均有在美国等国家学习和工作的经历。

优秀文化传统也是一种大环境,如广东阳江、汕头等地区涌现了多位大气科学家,粤港澳大湾区是当今国家三大科学中心之一等。2023年3月,广东省气象局、广东省教育厅、广东省科学技术协会、广东省气象学会联合主办,广东广播电视台等共同协办的2023年广东"气象小主播"大赛活动,全省共有4万余名小学生报名参加,评委的层次也很高,这对于广东地区小学生从小学习气象知识、培养科学兴趣等,均起到了重要作用。

今后,在培养大气科学高层次人才的过程中,一定要继续不断改善人才成长的各类环境,积极营造专心潜心做大事的良好环境,让更多杰出人才不断脱颖而出。

四、实践

实践是人类认识世界到改造世界之间的桥梁,也是人才成长的必由之路,还是检验真理的唯一标准。只有积极参加实践,才能有效地改造客观世界和主观世界。哥伦布发现新大陆,既靠梦想也靠实践;莱特兄弟发明飞机,主要也是靠实践。孙中山先生为中山大学的前身广东大学的校训题词"博学、审问、慎思、明辨、笃行",其中"笃行"就是实践。中山大学现任校长高松院士提出学习力、思想力和行动力的统一,行动力也是实践。只有通过实践,才能使知识变成财富,只有通过实践,才能检验理论和观念是否符合客观规律,以及是否达到预期目标。一个人,即使有远大的志向、丰富的知识,如果不去实践,那也只能是空想,没有任何意义。我国著名气象学家陶诗言之所以能够从一个大气科学专业的本科生成长为气象学的一代大家,一个重要原因就是他是在实践中开创和引领学科发展。大气科学的重要特点之一是实践性很强,陶诗言非常重视从实践中提炼问题,认为实践高于一切,特别注意将气象研究和气象业务有机结合起来,他的许多重要成就都是来自对业务和科研实践的及时总结和精准复现。这方面国际上的例子也有很多,罗斯贝提出的行星波理论,比亚克尼斯提出的锋面理论,都是在实践基础上通过观察和提炼规律而形成的。

五、主观能动性

在一定的客观条件下,主观能动性决定一切。红军当年在劣势条件下是靠着主观能动性的发挥而战胜"强敌"的,我国"两弹一星"工程也是在极其艰苦的条件下开始起步的,如果在攻关过程中没有革命乐观主义精神和主观能动性的发挥,那些"两弹一星"功勋们是无法取得如此巨大的成就的。"勤奋"和"谋略"就是主观能动性有效发挥的良好载体。毛泽东同志曾精辟指出:战争的舞台必须建立在客观许可的基础上,但指挥员凭借这个舞台,可以导演出许多威武雄壮的活剧来。选择发展方向、选择专业、选择导师、抢抓机遇等,这些都是个人有效发挥主观能动性的具体体现,勤奋和积极等待也是充分发挥主观能动性的表现。

成才是综合素质、教育、环境、实践和主观能动性这五个方面共同产生合力的结果,其中最为关键的是教育、实践和主观能动性这几方面。

第四节　人才成长的主要规律

一、人才成长规律

所谓人才规律,是指人才成长过程中在一定条件下是可重复的,包括一一对应及多一对应的变换关系或概率性重复的变换关系,即:人才规律是指人才成长过程中所具有的可重复的必然关系或概率性重复的概率关系。前者表现为因果性规律,如有效地创造实践规律、人才过程转化规律、竞争择优成才规律等;后者表现为统计性规律,如最佳年龄成才规律、成才周期规律等。

人才规律包含自然规律性、社会规律性和思维规律性,具有综合性的特点。人才与人的生理及自然环境有关,因而要遵循自然规律;人才是社会性的,与社会和人群密不可分,因而又要遵循社会规律;人才核心是创造性思维和创新能力,因而还要遵循思维的规律。但本质上说,人才规律主要是社会性的规律。

人才规律是一个复杂的体系。从研究对象的范围看,有人成其才规律、人尽其才规律和人才辈出规律。政府更多关注总体规律(宏观),组织更多关注群体规律(中观),个人更多关注个体规律(微观);从规律作用和适用的范围看,人才规律分为一般规律和特殊规律,一般规律适合各类人才,特殊规律只适合于某类人才;从人才规律的内容和次序看,人才规律可分为人才结构规律、人才功能发挥规律和人才发展规律。

认识规律的目的在于应用,遵循人才成长规律,才能做到事半功倍,促使各类高水平人才更多涌现出来。

高水平人才,是指在自由而充分发展的前提下,将聪明才智或潜能最大限度地发挥出来并取得重要成果的人。高水平人才与高质量人才是密切联系的。普通人之所以成不了高水平人才,就在于他们的聪明才智或潜能得不到充分的发展和实现。

造就高水平人才的必要条件有两个。

(一)外部条件

宽松的社会环境。教育事业有较好发展,有良好的促进高水平人才成长的创新环境,比如浓厚的学术氛围、鼓励青年热爱学习、热爱学术的主流价值观等。抗日战争时期,在十分艰苦的条件下,西南联合大学却培养出了众多与世界先进水平差别不大的一流人才,关键就在于西南联大当时有一流的师资和一大批优秀的学生。

(二)内部条件

要有一套能够使人的聪明才智或潜能充分地发挥出来的科学教育体系和人才培养模式。这套体系和模式,就是一套变"石墨"为"金刚石"的体系和具体操作过程。如尊重知识分子独立之精神、自由之思想;激发个体对学术发展的兴趣,并使其能大量阅读,深入思考和钻研,了解学科发展前沿问题等。

中国是一个人口大国,并且是拥有越来越多高学历人群的人才大国,正在成为教育强国和人才强国。从某种意义上来讲,每一个正常人在出生时都是一个潜在的人才,关键是要让培养的过程有利于个人见识的增长、能力的提升和持续不断的努力。所以,只要有好的机制,内外因密切配合,我们国家就一定会出现人才辈出、大师云集的兴旺景象。

二、部分微观人才成长规律和特点

(一)综合效应成才规律

综合效应是人才成长的基本规律。

人才成长是以创造实践为中介、内外诸因素相互作用的综合效应的过程。其中,内在成才要求等因素是人才成长的根据,外部因素是人才成长的必要条件,创造性实践在人才成长中起决定性作用。

在人才成长过程中,内在因素和外部条件的地位和作用是不相同的。内部因素是第一位的,外部因素是第二位的,但两者均不可缺少。内部因素主要指成才的综合素质,特别是内驱力等。外部因素包括自然环境、社会环境,特别是教育环境等。现代教育在提高人才的综合素质、夯实成才基础、促使人才尽快进入创造的前沿等方面发挥着十分重要的作用,但如果一名大学生学习仅为了应付考试,对所学的专业也缺乏兴趣,没有自己的人生目标,那么他自然难以成才,这显然主要是内因问题。同样,机遇属于外因,但是否会抓住机遇又是内因问题。

人才更快的成长是内外诸因素通过成才主体活动进行相互作用而引发的。

(二)"志"为成才之本的规律

"志气"即有所作为的决定,志向是一个人为之奋斗的目标。志气大小决定了一个人一生成就的大小。没有一个成功者是本人不想有所出息而成才的。曾庆存院士 1961 年从苏联留学回国时曾写下自励诗:"温室栽培二十年,雄心初立志驱前,男儿若个真英俊,攀上珠峰踏北边",立志攀上大气科学的珠穆朗玛峰,并决心要"科研报国永不悔"。袁隆平院士也自我要求人生"要搞出一些名堂出来",这样的人生追求成就了他不平凡的一生。许多科学家都有类似上述两位院士的以国家利益为重、努力攀登科学高峰的人生选择。

从历史上看,中外许多著名人物均充分肯定了"志气"在人生中的重要作用,如明末清初著名思想家王夫之认为,"入学之士,尚志为先""志定而学乃益",即一个决心治学成才的人,最重要的是要确定一个正确的志向,志向确定了,学业才能不断进步。他认为,孔子之所以能成为圣人,关键就在于他少年时就立志治学成才。一个人立志与否,其结果将会大不相同。同时,他不仅主张立志,而且主张立大志。志大则业大,志小则业小。同时,立志也要注意"志笃",提倡"贞志"而反对"两志",不能这山看着那山高,兴趣经常转移。

清朝晚期重臣曾国藩也认为人生要取得事业成功,第一是要有志,第二是要有识,第三是要有恒。苏联著名文学家高尔基也说过:伟大的目标产生伟大的毅力。

志气有大小之分,正负之分。我们需要树立的是不虚度年华、让人生出彩之志,是做大事、报效国家之志。大气科学专业的大学生,应该立志为建设气象强国做出大贡献、立志成为国际知名的大气科学家、立志获得罗斯贝奖或诺贝尔科学奖、立志掌握更多的关键核心技术。

(三)教育为成才之基规律

一个人要成才,首先要接受教育,教育又分学历教育和非学历教育。现代人如果没有接受一定年限的教育,是很难成才的。接受教育的过程就是人才资本积累的过程,而学历证书就是这种积累的证明。如果适龄儿童和青年不愿意上学校接受教育,其他年龄段的人力资源不愿意抓紧时间学习并接受终身教育,成才只能是空想。我国要积极推进强国建设,就需要每个有潜能变强的人都要变强,而每个有潜能变强的人都能变强的重要标志之一就是在学历上要尽可能变强——那就必须接受好的教育、接受符合时代要求年限的教育。

评判接受教育是否有效的标准是学习力。学习力是人类生存、发展和有所成就最重要的能力之一。一个人要想成才,首先就要爱学习,甚至是酷爱学习,尽量用最短的时间继承一定范围人类所创造的一切文明成果,即"站在巨人的肩膀上",尽快走到时代的前列或科学前沿。实现这一目标的主要途径是接受正规教育和自学,在博学基础上做到"术业有专攻"。没有一个人才是不爱学习的,有的人才受当时条件的限制,学历可能偏低,但绝对不会不爱学习。勤奋学习、刻苦读书、学思结合、知行合一,这些都是人才的共同特征。然而学海无涯,人生有限,所以在学习过程中,必须要保持浓厚兴趣,明确目标,并讲究方法,结合实际,持之以恒。学习一定要有长远眼光,即不仅仅是为了学历和就业,而且要立志成为能为社会做出更大贡献的杰出人才。从另一面来说,任何学习都是继承前人、学习他人的活动,我们要想早日走上成才之路,就一定要尽快走上创新之路,努力成为解决新的实际问题的高手,争取尽快实现掌握知识、应用知识和创造知识的统一,尽快实现早日成才和创造财富的统一。

(四)创新成才规律

创新就是为社会进步或科技发展所做的新颖性、高价值性、突破性工作。国家也迫切希望高等院校科研院所的基础研究工作者能有更多的从 0 到 1 的原创性成果的问世。

人才的本质特征是创新。创新不是凭空出现的,它是在创新所必需的基础上,由创新动机开始,进入创新情境,经过艰苦奋斗,在原型或思想火花的启发作用下,豁然开朗产生创新理念并逐步完善而实现的。中山大学现任校长高松院士提出学习力、思考力和行动力的统一就是创造力,科研在创新中具有十分重要的地位和作用。

这个规律要求所有培养人才的教育工作者,都要把是否具有创新性作为培养人才成败得失的最重要的衡量标准,即成才的根本特征是成才者取得了创新性成果和这个成果被社会所承认,从而为社会做出了较大贡献。"创新"和"贡献"是人才的核心,没有创新就没有高水平人才的涌现,抓住了创新就抓住了成才的根本。

(五)聚焦成才规律

聚焦成才规律是指依据自己的最佳天赋方向,在选准成才目标的前提下,集中精力,坚定目标,最终形成突破性的成才能量。

立志成才者一生专注自己的事业,通过坚持不懈的努力,终于取得突破性成果的事例举不胜举。我国许多著名气象学家,如竺可桢、陶诗言等,一旦在大学阶段选择了气象专业,就终身从事这个事业,从而为国家做出了巨大贡献。陶诗言更是超然专注科学研究,把学术看得比一切都重要。为我国气象事业做出突出贡献的陈学溶也是聚焦成才的典范,高中毕业不久,他即报考了当时的国立中央研究院气象研究所举办的气象练习班,并一直在气象领域不断耕耘,不断提高。美国著名作家马克·吐温说过:"人的思维是了不起的,只要专注于某项事业,那就一定会做出使自己都感到吃惊的成就来。"鲁迅也说过:"什么是天才?我只不过是将别人喝咖啡的时间都用在工作上。"徐光宪院士也出于对自己人生的体会而感慨说:"人的一生中专业方向最好不改变,这样学术水平就能达到最高峰。""滴水穿石"这句成语充分说明了专注的巨大力量,激光的威力同样来自能量的高度集中。"长期积累,偶然得之",说明了成功往往是优势累积的结果,量变到质变的结果,熟能生巧的结果。哈佛有一个著名的理论:人的差别在于业余时间。有很大成就的人,往往会将法定工作时间以外的时间和精力都投入到工作学习上。每个人每天的时间是一样的,都是24小时,但用不同的方式运用一生的时间,得到的结果就大不相同了。

聚焦成才,一是要有兴趣,二是目标要选准,三是要肯钻研,四是要有坚持不懈的毅力和"十年磨一剑"的精神。如果只是应付工作,不肯钻研,一个人就是一生没有变换过什么工作岗位,同样不会有所突破有所成就。许多人一生忙碌却没有取得什么成就,主要不是因为他们的智力,很大程度上是由于他们的浮躁和分心。我国知名气象学家陈世训教授认为:从事气象事业要有所成就,一是要有兴趣,二是要肯钻研,三是对事业要执着。

专一的对立面是见异思迁。我们不能完全否认"见异思迁""这山望着那山高"在人生发展上的作用。这方面的正面例子也有很多,如孙中山弃医从政,鲁迅弃医从文,自行车充气轮胎的发明人爱尔兰的邓洛普最初是一名医生,电报的发明人莫尔斯原来是一名著名画家。我们的目标是追求人生价值的最大化和为社会做出贡献的最大化,"按照实际情况决定工作方针",这也是中国共产党不断取得胜利的一大法宝。在成才的道路上,由于专业的兴趣、环境的变化和适应国家需要或组织需要,有时就必须在专业上进行一些调整和进行适当的流动,在市场经济的竞争中,甚至有"唯一不变的是变"的说法。但这个"迁"是建立在"识"的基础上而不是待遇高低上。除了组织需要之外,个人应尽量少转行。著名科学家钱学森一生的研究方向有多次调整,但每次都是根据国家的需要。1975年8月,本来正在研究卫星气象学并且已经取得了较大成效的陶诗言,因为河南驻马店地区发生了一次台风暴雨,损失十分严重,为了满足国家需求,便转去研究暴雨,很快就有了十分突出的成绩。许多类似的成功人士,改变自己的事业方向往往都是因为特定的历史背景和特殊的历史事件。而有志之人立长志,根深才能叶茂,早立志早专一才能早成才,这是更多的先贤们的体会。

（六）勤奋成才规律

勤奋成才规律是最基本的成才规律之一。勤奋指做事尽力,不偷懒,就是一个人将更多的时间用于某一个目标,如勤学、勤思、勤练等。人才学认为,影响人才成长的主要因素是遗传、环境、教育、实践和主观能动性。其中主观能动性的一个重要表现就是理性的勤奋。

中外许多有成就的杰出人才对勤奋有着精辟论述,如著名数学家华罗庚认为"勤能补拙是良训,一分辛劳一分才""聪明在于积累,天才在于勤奋";俄国著名化学家门捷列夫说过:"什么是天才?终身努力便是天才!"我国著名女跳水运动员陈肖霞说过:"只有超人的努力才会有超人的成就。"

许多学历偏低的著名人才,在事业上取得杰出成就,主要就是靠勤奋。

笨鸟先飞,卧薪尝胆,这些成语也都是鼓励人们勤奋努力、奋发图强的。

勤奋的主要动力来自改变现状的志气、目标和兴趣等。

我国著名气象学家陶诗言就是气象领域勤奋成才的榜样。他是我国本土培养的第一批大气专业本科生,即中央大学气象系首届本科毕业生。他的大学学习阶段是抗日战争最艰苦的时期,但他仍能坚持学习。大学毕业后,他虽因某些原因错过了深造的机会,但一直非常勤奋地学习和钻研,很快便被著名气象学家涂长望推荐到赵九章任所长的国立中央研究院气象研究所工作。在赵九章所长的严格指导和气象研究所氛围的熏陶下,陶诗言的独立科研能力迅速提高。中华人民共和国成立后,陶诗言立足于国家需要,一路攻坚克难,成为新中国气象预报事业的开拓者之一,在东亚大气环流的研究包括中国寒潮的研究、梅雨的研究和暴雨研究中均取得突出成果,他还是中国卫星气象学的开拓者和"两弹一星"试验气象保障的功臣……到了晚年,他仍然"闲不住",通过言传身教,为国家培养出一大批高素质的气象人才。陶诗言被誉为本土成长的气象学一代宗师,他的成功秘诀之一就是终身勤奋努力。

勤奋是成才的基础和重要条件之一。但成功除了勤奋,还要注意方向、方法,注意充分发挥团队作用,注意尽早进入创新等。

1. 培根说过:"跛足而不迷路的人,能胜过虽健步如飞却误入歧途的人",现代社会也流行"选择比努力更重要"这句话,这些都说明了方向的重要性。

2. 勤奋要讲究方法,讲究事半功倍。善于休息和积极等待也是一种方法。

勤奋应该是有目标的勤奋,学海无涯,人生有限。要在有限的人生中取得成就,一定要有所不为才能有所为,奋斗目标一定要根据社会需要和自己的具体条件去制定。结合工作需要,瞄准社会的空白点和薄弱点去努力,这样的人往往更容易成才。

勤奋的基础是身体条件。勤奋要讲究科学,即不管如何勤奋,都要保证每天基本的睡眠时间和锻炼时间。如果身体素质太差,勤奋往往反而会适得其反,如日本"过劳死"的人比较多,与他们工作压力大工作时间太长有关。所以不管如何勤奋,都需要确保每天有半个小时以上的体育锻炼时间,保证有适当的休息,注意定期检查身体等,这些都是很有必要的。休息也要讲究方法,如脑力劳动累了,适当进行一些体力劳动;这种脑力劳动方式累了,更换另外一种脑力劳动方式。另外,在业余工作领域勤奋,应以不影响本职工作为限度。

婚姻家庭对一个人的一生影响很大。许多人往往可以勤奋一时,但难以勤奋一生,其重要原因之一就是没有一个支撑其勤奋的婚姻。在成才的道路上,家庭的支持也是很重要的,只有将身体、家庭和事业的关系处理好了,勤奋才有坚实的基础。

3. 勤奋一定要将个人与团队结合起来,即不仅自己要勤奋,也要团队每个人都积极向上。

4. 人才的根本属性是创新。勤奋不一定能成才,这个说法的意思是,有的人虽勤奋一生,但由于目标分散,浅尝辄止,最终没有取得什么创新成果。只有获得创新成果并被社会所承认,才是真正的成才。所以成才者必须要勤奋,但也要尽快进入创造阶段,并不断提高成果生产力。

(七)核心竞争力成才规律

核心竞争力是一个国家、一个企业或一个人能够长期获得竞争优势的能力,是指特有的、能够经得起时间考验的、具有延展性且竞争对手难以模仿的技术或能力。对个人而言,核心竞争力主要是指学习力、创新力和就业力,其中创新力又可分解为思考力和行动力。

1. 学习力

学习力指一个人比别人学得更快更好的能力。在人的一生中,学历是很重要的,大气科学是一门对数学、物理学、化学等基础知识要求很高的学科,如果一个人没有至少是大学本科的高学历,那么他不仅难以胜任工作,更难以走到大气科学的最前沿。学习力中最根本的,还是个人自己所养成的、有目标的、持久的自学能力和内驱力。同时,我们在这里所说的学习是既全面发展又有专长的学习,学习不仅是勤奋学习就可以了,还必须讲究谋略,如何构建包括"知识结构"和"能力结构"的最佳"人才结构",就是谋略的重要方面。

(1)人才结构

人才结构主要包含"德、智、体、美、劳"或"德、识、才、学、体"五个方面,其中"德、智、体、美、劳"是党和政府倡导的、作为中国特色社会主义事业建设者和接班人所必须具备的。在人生道路上"落马"或夭折的人,不少是在"德"或"体"的方面出了问题。其中的"体"主要指身心健康以及人身安全。我国著名气象学家竺可桢一生经历过许多个历史阶段,他在政治方向的选择和政治品德的修养方面是很值得我们学习的。他在美国获得气象学博士学位后本可以在美国工作和生活,但他还是立即回到祖国;在中华人民共和国成立前,竺可桢已经是著名气象学家,他却坚决不加入国民党;蒋介石败退台湾前夕,多次派人要求他去台湾,竺可桢及其团队依然没有一个人跟着去台湾;中华人民共和国成立后,竺可桢耳闻目睹了国家科学事业发生的巨大变化,这时他主动申请加入中国共产党;在"反右派斗争扩大化"和"文革"时,他也始终相信党并在事业上坚持真理、实事求是。我国知名大气科学家陈世训教授也多次告诫他的学生"我们的事业在中国"、要"力戒贪"等。在"体"的方面,我们则要坚持"健康第一""每天锻炼一小时,健康工作五十年,幸福生活一辈子"等理念,向陈学溶先生学习,努力成为一名贡献大且高寿的优秀气象工作者。

另外,人身安全问题也需要我们特别注意。有不少杰出人才因安全事故而英年早逝,令人痛惜,如聂耳、雷锋、任长霞、著名气象学家章基嘉教授等。

"德、识、才、学、体"则是先贤们总结出来优秀人才应具备的人才结构。其中,"识"对于大气科学人才来说尤其重要。我国早期的气象学家们,当初选择气象学这个"冷门"科研领域是需要独到眼光的。正因为他们做出了明智选择,并且始终如一为我国气象事业发展不懈奋斗,中国的近现代气象事业才能从无到有、从小到大地发展起来,他们自身也很好地实现了自己的人生价值。正如著名气象学家陶诗言在回顾往事时所提到的,他当年选择一个冷门学科是"蒙"对了,后来他坚定地留在大陆没有去台湾等,更是把"路走对了"。陶先生曾不止一次地提到:"特别是新中国成立后,留在大陆对我们很有利,如果不解放,我还在中央气象研究所,那我就没有今天的成就。涂长望说过自己搞没出路,一定要解决国家问题。"

(2)知识结构

学海无涯,人生有限。一个人要在有限的人生里能够取得的最大成就,就必须讲究知识结构,不能泛泛而学,好比组成石墨和金刚石的化学元素是一样的,但结构的差异带来了这两种物质在化学特性上的区别。所以,我们一定要根据自己的奋斗目标,尽快形成自己的最佳知识结构,在有限的人生中学习到最有用的知识。人才学家推崇"T"字型人才,"T"字上面的"横"指人才的广博知识面,下面的"竖"指一个人一定要在某方面有专长有创新有突破,"横"存在的意义在一定程度上是为了"竖"能有更精准的选择。

(3)能力结构

作为大气科学人才,我们一定要注意培养自己适应工作和生活需要等方面的能力。比如,在工作中,我们需要学会运用多种观测仪器仪表以及高空探测手段;在生活中,需要学会在复杂艰苦的环境中生存等。

2. 创新力

创新创造在人的成长中具有决定性意义。有的人学历很高,但一生无任何创造,这不能说是真正人才。人们接受教育的本质,是要在"巨人的肩膀"上有所前进有所突破,继承大气科学已有的成果并尽快走到科研的前沿,有所突破就是创造。作为大气科学的学生,不仅要掌握知识,而且要学会应用知识和创造知识。

3. 就业力

就业力指胜任工作的能力,体现"社会价值"的能力,也指为社会做出贡献的"贡献力"。就业是人才独立生存和发展的基础,也是为社会做出贡献、创造更美好生活的基础。一个人不管有什么崇高的理想,有多高的学历,都需要就业获得经济来源。作为大气科学专业毕业的各类学生,当然应该首先尽可能入职与大气科学有关的工作岗位,这个选择很重要。如果当年竺可桢等大气科学的学者学成回国后不是坚持从事气象事业,中国的气象科学发展不知又要落后多少年。今天,大气科学人才从全国以及"一带一路"范围的需求来看,不是多了,而是还很不够。当然,我们难以要求大气科学专业毕业的各类学生都从事与大气科学有直接关系的工作,本书之前也提到过,不少人才是在非本专业领域取得成就的。

(八)最佳年龄成才规律

最佳年龄成才规律也称创造峰值年龄理论。

研究发现,由创造而成才有一个最佳的年龄段。人才最佳成才年龄段是相对稳定的,各个领域的人才都有一个最佳的成才期。如在自然科学领域取得重要成果的最佳年龄区是 25—45 岁,峰值为 37 岁左右。曾庆存院士 21 岁时赴苏联科学院应用地球物理研究所留学,师从气象学家基别尔,他的博士论文攻克了数值天气预报的有关难题,并因此获得副博士学位,当时他的年龄是 26 岁;赵九章院士 28 岁赴德国柏林大学学习,师从气象学家费克和德芬特教授,攻读动力气象学、高空气象学和动力海洋学。赵院士从 30 岁开始陆续在专业杂志上发表多篇气象学论文,31 岁的时候获得博士学位,39 岁时作为当时的国立中央研究院气象研究所的代表参加在英国举行的气象国际会议,并在瑞典等国家讲学。当然,依专业领域的不同,人才的最佳成才年龄区也有所不同,特别是随着人类知识的进步,最佳年龄区也会发生前移或后推的变化。但总体来看,人才的成长都要经过继承期、创造期、成熟期和衰老期四个阶段。创造期是人才对社会做贡献的最为重要的时期。

(九)青年科技人才成长规律

"一生之计在于青",青年时期是人才进行科技创新的黄金时期,根据创造峰值年龄理论,青年人才具有强烈的好奇心、旺盛的精力以及脑力优势,更容易取得突破性创新成果。

青年时期的人才面临生存、发展、自我实现等多重需求。青年科技人才处于成家立业的起步阶段,也是学术生命周期的起步阶段。一方面,住房保障、子女教育、薪资待遇等是青年人才的刚性需求。正视并切实解决青年科技人才的生存压力,对青年科技人才心无旁骛开展科学研究至关重要。另一方面,青年科技人才初入科研岗位,有较高的职业发展追求和成长动力。公平竞争、包容开放、鼓励创新的成长和职业发展环境有助于青年科技人才实现科研理想和自我价值。

青年时期是人才获得科研支持后边际产出最高的阶段。虽然处于科研起步期的青年科技人才有更加活跃的思维和敢想敢干的创新精神,更易产出创新成果,但青年时期也是人才最需要科研资金和创新资源支持的阶段。大量研究表明,重要机会的把握和高成就导师的引领对青年科技的成才具有重要影响。科研支持、创新资源及成长机会和通道对青年科技人才能否冒尖极为关键。我们应加大对青年科技人才普惠性和稳定性支持的力度,鼓励青年人才在挑大梁、担主角的科研实践中成长。

(十)"扬长"成才规律

"扬长"成才规律告诉我们,每个人都有自己的长处和短处,这种差别是由天赋素质、后天实践与主观兴趣爱好不同而产生的。古人就有"寸有所长,尺有所短""骏马能历险,犁田不如牛"等精辟论述。如有的人学外语,无论如何勤奋都不如一些语言天分好的人学得好。一般而论,成才者都是在最佳或次佳的才能得到较充分发展的条件下,扬长避短或扬长克短走向成功的。如来自广东湛江普通乡村家庭的我国优秀跳水运动员全红婵,她在跳水方面的"天赋"被教练发现后立刻被全力培养,加上本人也很努力,所以在 14 岁时就获得了奥运会金牌,并在国际赛场上屡创佳绩。

扬长,首先需要认准自己才能的长处。才能是在实践中增长的,也只有在实践中才能得到准确认识。

根据这个规律,人各有所长,也各有所短,这种差别是由人的天赋素质、后天实践和兴趣爱好等共同形成的。个人的成才,大多是扬己长而避己短的结果。如杨振宁原本从事实验物理,后来他发现自己更擅长理论物理,调整事业方向后不久就获得了很大成功。有的人才的"长"并不在本职工作,他的最好成就是"不务正业"所取得的。爱因斯坦的本职工作是专利局的一名职员,被誉为"英国气象学之父"的卢克·霍华德则是一位药剂师。对于领导者来说,扬长避短,是让其下属做他最擅长最喜欢的事,在自己擅长的领域学习钻研,有利于提高其工作效率,使其能在相同时长、相同投入的条件下取得最大成效。当然,作为人才本身,应在服从组织安排的同时保留自己的业余爱好,等待机会争取将"副业"变成主业,如张艺谋当年在工作之余不断钻研自己的摄影爱好。那些只强调自己的兴趣爱好而不服从组织分配的人才是难以被用人单位接纳的。

经济学和国际贸易理论中有"比较优势"的理论,人的成长和发挥作用也需要"比较优势",个人要做自己最擅长、最有效益的工作,领导者要知人善任,发挥下属的最大才能。

(十一)兴趣成才规律

兴趣是人的一种具有浓厚情感的心理活动。兴趣对人才的成才影响很大,许多科学家都认为,他们之所以能走上科学道路并且能做出成绩,对科学的兴趣和好奇心是关键因素之一。日本诺贝尔化学奖获得者田中耕一就说过:"学问的源头就是兴趣。"美国著名华人学者丁肇中教授也曾经深有感触地说:"任何科学研究,最重要的是要看对自己所从事的工作有没有兴趣,换句话说,也就是有没有事业心,这不能有任何勉强。""踏上科研之路最重要的是兴趣。"达尔文从小对生物有浓厚兴趣,爱迪生从小对事物有很强的好奇心,中山大学原大气和环境科学学院院长、气象学家罗会邦教授认为:知道自己擅长什么,喜欢什么,找对自己想要钻研的方向,从喜欢的研究中收获快乐很重要。一个人如果想在某领域有所成就,就要对该领域有较大兴趣,否则很难在该领域做出成绩。兴趣是创造的起点,也是成才的起点。聚焦成才往往是指聚焦于某种目标、某种兴趣而成才。

兴趣有很多种类,如物质兴趣和精神兴趣,直接兴趣和间接兴趣,个人兴趣和社会兴趣,低级兴趣和高级兴趣等。

兴趣需要启发和引导,逐步由"要我学"变成"我要学"。著名气象学家罗斯贝在家乡的斯德哥尔摩大学进行数学和物理专业的学习时,参加了一次由当时刚刚获得气象预报理论突破的皮叶克尼斯主讲的关于大气运动非连续性问题讲座,他很快就被气象学问题深深吸引,由此,他开启了在气象学事业上的征程。

兴趣只是成才的充分条件,不是必要条件,兴趣能否引导人才最终走向成功,还要看人才所处的客观条件和人才是否能持之以恒地努力。

如何对待兴趣,与一个人能否成才关系很大。我们既要反对否认兴趣重要作用的倾向,也要防止唯兴趣论、兴趣至上倾向。针对科研人员等,我们要广泛强调兴趣和好奇心的作用,但对于干部特别是党的干部就不一样了,集体主义和组织性是我国的优势之一,在注重兴趣的基础上,我们更要强调上述两点在党员干部工作开展中的重要性,强调正确处理个人兴趣与组织需求、专业选择和本职工作的关系的重要性。兴趣是可以培养和转移的。兴趣以主观需求为基础,与价值观、责任感等也有密切联系。根据社会需求、客观条件变化和本人优缺点适当调整职业兴趣或中心兴趣,从而走上成功之路的也大有人在。姬鹏飞、黄镇等同志则是服从国家急需而由统率千军万马的将军转行成为外交官;著名科学家钱学森根据国家需要转换研究方向多达八次;中国科学院院士、著名物理化学家张存浩也曾急国家之所急,三次转换科研主攻方向。许多优秀党员和干部能自觉做到将个人兴趣与党和国家的需要相统一,无条件服从组织安排,在新的工作岗位上培养新的兴趣并走上成才之路。

(十二)岗位成才规律

成才的基本途径主要有两条:第一条,干一行,爱一行,专一行;第二条,爱一行,干一行,专一行。

岗位成才是对大多数人来说比较现实的成才之路。岗位成才就是干一行、爱一行、专一行,就是在工作中培养新的兴趣、新的特长,把工作看作事业,安心本职,专注本职,甚至痴迷本职,努力在本职岗位上有所作为。

本职工作是社会组织这部"大机器"所需要的一颗颗"螺丝钉","螺丝钉"们是否能闪闪发光,每个环节是否都能有效率,取决于在这些岗位上工作的每个人的工作态度、工作能力等。行行出状元,每个岗位都有其实际需要解决的问题,将组织发展目标和个人成才目标结合起来,是最容易得到领导支持,也是最容易对社会做出贡献从而实现自我的。成才之路就在脚下,人的兴趣是可以适当转移并加以培养的。工作经历是人的一生中的主要经历,无论是凭兴趣选择工作,还是在工作中培养新的兴趣,岗位是一个人成才的主要阵地。无论一个人小时候产生过什么兴趣,真正的兴趣应该是要在工作中培养和巩固的。你对某个事物真正有兴趣并且热爱它,你才能安心干、专注干并深入钻研,从而尽可能早地取得成绩。

(十三)毅力成才规律

毅力和兴趣一样,属于非智力因素。毅力在人才成长中具有十分重要的作用。毅力即朝着一个既定正确目标不懈努力的坚持力。"古之立大事者,不惟有超世之才,亦必有坚韧不拔之志",这说明在取得成就的道路上,毅力与才能同样重要。"以兴趣始,以毅力终""顽强的毅力可以征服世界上任何一座高峰",这些也是许多科学家的成功秘诀。毛泽东同志也说过:"一个人做点好事并不难,难的是一辈子做好事,不做坏事"。很多人在青年时代都有这样或那样的理想,但真正把理想坚持下来并取得突出成就的人往往是少数。我国的近现代气象事业特别是气象高等教育事业起步较晚,老一辈气象工作者能取得博士学位的人相当少,大部分人只有本科学历或同等学力,但他们凭借对气象事业的极度热爱和执着,也都取得了可喜成就。1984 年 10 月,中国气象学会成立六十周年庆典隆重表彰了一批为我国气象事业做出突出贡献的气象学家,其中相当一部分人就是这种情况,如李宪之、吕炯、朱炳海、陈学溶等,他们选择了气象这项事业后,无论遇到多少风雨都始终坚守。还有,中央有关主管部门组织的诸如"最美医生"等活动,获奖的人物不仅从年轻时就根植于某一领域,而且能长期坚持并取得可喜成绩。但是,当今社会,有学历有才干却因种种原因而"翻车落马"的不乏其人,这些人在他们的人生起步阶段或某个特定的发展阶段是好的,后来他们的价值观发生了扭曲,进而迷失了方向,没继续坚持为正确的目标而努力,这也再次说明了毅力的重要性。

毅力在挫折和失败面前更显重要。竺可桢1918年回国后,面对几乎是空白的我国大气科学现状,他知难而上,为振兴我国气象事业不懈努力。他先在东南大学等高校任教,培养大气科学人才,编写出我国第一本气象学教材,国立中央研究院气象研究所成立后,他以此作为平台举办了多期气象培训班,为社会培养了不少当时急需的大气科学速成人才。不久之后他又到浙江大学任校长,在这过程中兴办了浙江大学地学系,在更大舞台为国家培养了不少地理和气象人才。抗日战争期间,他的夫人张侠魂和儿子竺衡在学校西迁途中因患严重痢疾不幸去世,解放战争期间,长女竺梅投身革命后又不幸牺牲,中华人民共和国成立后,长子竺津又因被错划为"右派",在劳动改造中不幸染上血吸虫病而英年早逝。这一系列挫折和打击并没能动摇竺可桢报效国家的赤子之心,他一如既往、不忘初心,为我国的气象事业做出了巨大贡献,赢得党和人民的高度评价。

陶诗言先生认为：自己最多只能算"中等材质"，要说优点，恐怕只有一个，就是有韧劲，不怕失败，始终锲而不舍。

中国共产党的成立被誉为近代史上中华民族实现伟大复兴的三大具有"里程碑意义"的大事件之一，但参加"中共一大"的13名代表，有人后来却走向了反面。事实说明，人生往往也像马拉松比赛那样，"谁笑在最后，谁笑得最好"。马和骆驼谁走得更远？往往是后者而不是前者，成功的关键不仅在于能力，更在于坚持不懈，就像荀子所说的那样，"锲而舍之，朽木不折；锲而不舍，金石可镂"。

毅力的发挥必须在正确目标指引下，目标不正确，越坚持损失越大。新时代的我们正在坚定不移地走中国特色社会主义道路，努力建设气象强国，只要我们上下同心，坚韧不拔，我们的目标一定能够早日实现。

（十四）艰苦成才规律

"不经一番风霜苦，难得腊梅吐清香""猪圈岂生千里马，花盆难养万年松"，艰苦奋斗也是成才的一个重要规律。如果我们把成才视为"乐"，那么，它往往是建立在"苦"的基础上的，人生往往就是先"苦"后"甜"，"苦"中有"甜"，它们之间是辩证统一的关系。这有几层含义：

一个人不管是在顺境还是在逆境，要奋斗就会有牺牲，没有一个创造性成果是不经过艰苦奋斗就可以得到的。享誉中外的河南林县红旗渠，被誉为"人工天河"，为了修建这条渠，彻底解决林县百姓"靠天等雨"的被动局面，当年物质条件相当匮乏的林县人民不知道克服了多少困难，仅在修渠过程中就牺牲了80多人。为了努力攀登引力波科学高峰，中山大学物理系引力波室主任陈嘉言教授在周日加班的时候倒在了工作岗位上。

能耐得住寂寞也是一个人从事任何一项工作特别是研究工作的重要条件，勤学苦练更是许多成功人士的基本功。我们想要成才，一定要做好吃苦和愈挫愈勇的思想准备。

如果置身于创新环境不好的条件下，则往往需要人才们发挥出更大的毅力，尤其对于那些大师来说。因为人才，特别是优秀的人才，通常喜欢独立思考、"标新立异"，不愿意随波逐流、人云亦云，这样的人往往容易被人误解，甚至被排挤，更有甚者，可能要经受肉体或心理上的许多折磨和痛苦。

希望创新、渴望成才的人常常会遇到各类思想比较保守的人的阻挠和反对，这种时候，需要人才有敢于斗争善于斗争的思想准备，做到"与人奋斗，其乐无穷"，不能一有人反对就偃旗息鼓、止步不前，但相应地，也应该通过吸纳反对声音中的合理部分，让自身的创新方案更完善。

有的人身体残疾或身处逆境，每前进一步都要遇到很多痛苦，这时候就需要发挥出逆水行舟和身残志坚的主观能动性。

真理往往首先是被少数人所认识,有时候逆境也不全是坏事,"艰难困苦玉汝于成""无限风光在险峰",许多优秀成果往往出自创新者在逆境中的坚持努力,如贝多芬的许多音乐作品,司马迁《史记》的成书等。"攻城不怕坚,攻书莫畏难,科学有险阻,苦战能过关"。

一个人要想取得较高成就,那他就要做好长期艰苦奋斗的思想准备,要有意识培养自己吃苦耐劳的精神和不怕任何挫折的韧性。

(十五)协调成才规律

人才的成长,处在一个受多因素制约和影响的开放系统中,需要主观与客观的协调一致,即在锤炼人的内在成才因素的同时,使其依靠认识环境、反馈调节、适应环境、改造环境来早日取得成就。

协调的宗旨在于达到成才目标。

协调分为"内协调"和"外协调"两大基本领域。

内协调包括品德协调、知识结构协调、智力因素和非智力因素协调以及健康协调。如一些大学生虽有较高智商,但缺乏情商,心理比较脆弱,经不起批评和挫折,动不动就辞职不干,甚至因一些小事走上自杀的道路;有的栽倒在品德或健康、安全面前;有的只会脑力劳动,不会体力劳动;有的专业能力很强,但基本生活能力较欠缺;有的有理想,但又缺乏实干精神,等等。尽管在现实生活中,十全十美的人是没有的,有山峰必有山谷,但一个能协调发展的人才能走得稳走得远。

北京师范大学林崇德教授有过这样一个研究结论:创新型人才=创造性思维(智力因素)+创造性人格(非智力因素)。这充分说明了智力因素和非智力因素协调发展的极端重要性。随着时代的发展,更有学者提出创新型人才不仅要有情商和智商,还要有时间商——立志成才者也要善于做科学运筹时间的高手。

外协调包括时代协调、职业协调和家庭协调等(大、中、小环境协调)。

以调节类型来划分,又可分为常态调节、顺境调节和逆境调节。常态调节的中心环节是通过优势积累,早日取得被社会承认的突破性成果,早日由潜人才变为显人才。

协调贯穿于成才的全过程。

(十六)师承效应规律

师承效应是指在人才教育培养过程中,徒弟一方的德识和才学得到导师一方的指点,从而使前者在继承与创造过程中少走弯路,达到事半功倍的效果,有的甚至能够形成"师徒型人才链"。我国多个大气科学的院士,如高由禧、丁一汇、王会军等,他们就先后得到过竺可桢、涂长望、谢义炳、赵九章、陶诗言、曾庆存等先生的具体指导和帮助,叶笃正、谢义炳、顾震潮和曾庆存等也在国外留学期间得到过国际著名气象学家的具体指导。所以说,培养人才特别是培养高层次人才,要重视发挥师承作用,并且要强调双方的自主选择和相互对称。只有导师和学生之间建立起良好的相互尊重、相互促进和青出于蓝而胜于蓝的互动关系,才能使更多的优秀人才脱颖而出。

（十七）共生效应规律

共生效应指人才的成长和涌现通常具有在某一领域、单位和群体中相对集中的倾向,具体表现为"人才团"现象,就是在一个较小的空间和较短的时间内,人才不是单个出现,而是成团或成批出现。其特征是:高能为核,人才团聚,形成众星捧月之势。这主要包括三种情况:一是地域效应,如我国两院院士出生地集中在江浙文化区;二是时代效应,如中华人民共和国成立以来,气象事业在党和政府关心下蓬勃发展;三是团队效应,目标科学、结构合理、功能互补、人际关系融洽的团队,有利于一大批成员取得良好的成就,我国多位著名气象学家之间均有师生关系、同学关系、益友关系,陶诗言就认为,良好的师友是他成功的三大因素之一。

根据共生效应规律,我们在人才培养和造就上应注意探索共生效应的内在机制,以利于我们大批量地发现和培养人才。

（十八）累积效应规律

累积效应规律指没有一定的量变不可能产生质变,重要成果的取得都是优势累积的结果,"滴水穿石"就是累积效应的体现。所以一个人要成才就要注意自己优势的累积。长时间专注于某一个目标是优势累积的重要途径,但开辟新赛道后的优势积累往往可以实现后来居上、捷足先登。

"长期积累,偶尔得之",但凡事业上有建树的人都勤于积累、善于积累。著名数学家华罗庚曾说过:聪明在于积累,天才在于勤奋。古语也说:积土成山,积跬致远;笃定恒心,厚积薄发。许多科学工作者认为,要想在科研中取得哪怕是一般的成就,除了需要自身具有较强的"成就取向"之外,还要经过本学科严格的学习与技能训练,具备本学科的专业素质与技能后,仍必须有十年以上的积累(即"十年规则")。在具备积极进取的心态的前提下,通过十年左右坚持不懈的努力学习、勤奋工作,人们才有可能取得成就。在其他行业也有类似现象,只是时间长短不同。总之,任何一个行业,没有一定时间的积累都是不可能有所成就的。如果个人勤奋努力、专心钻研并讲究方法,这个积累过程可以短一些。

（十九）期望效应规律

现代管理激励理论告诉我们,人们从事某项工作、采取某种行动的行为动力,来自个人对行为结果和工作成效的预期判断,包括:工作(事业)吸引力、成效和报酬的关系、努力和成效的关系。

根据这个规律,我们应注意在本行业加强成就意识的教育,使每个成员都能具有必须发展事业、必须做好工作的使命感和危机感。同时,领导者一定要通过多种方式及时激励,使人才在奋斗的过程中得到物质和精神上的满足,不断获得奋斗的动力,从而最终获得成功。1961年,中山大学地理系成立了气象专业,这是根据国家布局在我国南方设立的气象专业。新专业成立后,气象专业陈世训教授将其比喻为"一株小树苗",勉励大家要对这株小树苗多呵护、勤浇水,相信在大家的努力下,这株小树苗终归会长成参天大树的。陈世训教授用生动比喻让青年教师和学生们看到了希望、明确了责任,在一代代师生们的共同努力下,中山大学地理系气象专业先后成长为中山大学气象系和今天的中山大学大气科学学院,成为粤港澳大湾区大气科学以及我国热带气象学发展的一个亮点,为国家气象事业的发展做出了积极贡献。

(二十)马太效应规律

《圣经》第二十五章"马太福音"上讲的"有者容易愈有,无者容易愈无",这种现象被称为"马太效应"。"马太效应"是一种社会现象,有利有弊。"利"为容易营造某些地区的人才高地,如北京、上海、粤港澳大湾区和美国硅谷等地集聚了大量的高水平人才,以及少数世界名校却拥有众多诺贝尔奖获得者等;"弊"为不利于年轻人早日脱颖而出,而我们知道,青年时代是一个人创造力最旺盛的阶段,年轻人也是最需要扶持的群体。

三、部分群体("中观")人才成长规律和特点

群体人才是指某个组织中的人才个体围绕一定的目标而组织起来的群体。这种组织既包括正式的组织,也包括非正式的组织。

(一)共同愿景凝聚效应律

该规律指人才群体一旦形成共同愿景,就会产生强大的向心力和凝聚力,进而聚焦于目标实现,该群体因而得以成长和发展。如"扎根中国大地,建设世界一流大学"等目标的提出。实践证明,组织的共同目标与共同愿景具有凝聚力,它能够把群体中人才的力量集中于目标之下,产生强大的人才能量并产生显著的创造成效。许多优秀企业的员工,都在本企业共同愿景和价值观下努力工作,取得成绩,如华为集团等。

(二)互补优化效应律

该规律指人才群体内组成该群体结构的各个部分处于互补状态,从而使群体结构优化,有利于人才群体成长和发展。实践证明,群体各维度的结构状态,决定着人

才群体创造的功能和效果。结构呈现互补合理的状态,则群体的功能最大;结构单一偏颇不合理,则群体的功能会降低。这是系统论中结构决定功能的基本原理在人才理论中的具体体现。

四、部分宏观人才成长规律和特点

(一)时势造就人才规律

该规律指一定时代的社会需要和社会发展条件的综合作用,必然造就出一定量和质的人才,并且,此类人才出现的数量和质量由社会需要度和社会条件发展度决定,并与之成正比。这个规律反映了社会的人才总体同社会发展之间的必然联系。如唐宋时期,我国出现了大量著名诗人和文学家;西方文艺复兴和第一次工业革命时期是一个需要巨人也产生了巨人的时代;新民主主义革命时期,我国产生了众多的军事家;网络化、智能化时代,则催生了许多高新技术企业家;在当前这个"大众创业,万众创新"的时代,社会上也必将涌现出更多的创新型人才。

今天,在我国努力建设气象强国和全面建成社会主义现代化强国的过程中,我国也一定会涌现出更多高水平大气科学人才,甚至包括世界级气象学家。

(二)人才发展与事业发展相互促进规律

该规律指在一定的历史阶段,人才发展与事业发展之间是互动协调、相互制约、相互促进、共同发展的内在关系。例如,人才与学科发展互动,人才与产业发展互促,创新驱动实质上是人才驱动等。

(三)人才空间位移和分布规律

人才空间位移是一种人才地理现象,指人才由于某种原因而离开自己的工作区域和生活区域,从而形成不同区域间的人才流动,人才空间分布是人才空间位移的结果。人才空间位移有多种类型:政治型、经济型、文化型和自然灾害型等,其根本原因是生产力发展的要求。如古代中原地区的人口因战乱等原因大批迁移到江西、广东等地并形成独特的客家人文化;唐宋时期中国文化中心的逐步南移,浙江省和江苏省成为中国文人学者最大源地则是文化原因;改革开放以来专业人才"孔雀东南飞"的同时又形成了"出国就业潮"等,又主要是经济原因和追求实现更高个人价值的因素在起作用。今天,粤港澳大湾区建设和构筑全球人才重要中心和创新高地等理念等也会导致新的人才空间位移。人才的空间位移又形成了点、轴、网、面等人才聚集现象。

（四）人才供求规律

从宏观上说，人才供求规律是最基本的人才规律，人才供给和需求的动态平衡是决定经济社会又好又快发展的重要因素。保持人才供求的动态平衡，一方面需要高校培养大量的适应社会需要、引领社会发展的高质量人才，适当培养储备人才和面向未来的人才；另一方面也需要加快产业转型升级和各项事业发展，深化用人制度改革，为人才充分发挥作用创造更大的空间和良好的社会条件。

改革开放以来，特别是进入新时代以来，我国建设现代化强国的人才资源总量不断增加，人才素质明显提高，人才结构进一步优化，人才使用效能逐渐提高，但人才的培养与使用脱节、紧缺与浪费并存的现象还不同程度存在着，人才资源与建设现代化强国需求不相适应的问题还很突出。

（五）人才竞争规律

人才的创造活力本质上是社会竞争的产物，竞争择优规律是推动社会创新发展的基本动力。中国大气科学事业发展总体上属于追赶世界先进水平状态，部分领域已实现了赶上时代甚至引领时代。只有永远保持竞争、赶超的状态，我们才能早日实现后来居上。而竞争要赢得主动，应该抓住早、快、准、执着和创新这几个重点。

1. 早。竺可桢 1910 年赴美留学，他毅然选择了农学和与农业密切相关的气象学，并于 1918 年获得哈佛大学气象学博士学位。20 世纪初，气象学还是一门新兴的学科，在美国也只有哈佛大学研究院开设了气象专业。竺可桢在挑选专业时独具慧眼，成为我国最早出国学习气象学的留学生之一。学成后他又马上回国，最终成为我国现代气象事业的主要奠基人。

2. 快。中国现代的气象观测，虽始于 1911 年，但由于缺经费缺人才，发展十分缓慢。竺可桢回国后，立即到高校任教、编写教材，积极投身于地理、气象人才培养，并先后举办了四期气象学习班，后来又担任浙江大学校长，在更大平台上为国家培养了更多地理、气象人才。他还大力发展气象台、测候所等，在中央研究院气象研究所成立后，更是全身心投入，积极推动高空观测等气象科研工作。

3. 准。气象学当时被不少人视为冷门，一开始就对气象学感兴趣并乐于选择的人屈指可数。但在竺可桢气象研究所以及不少高校的培养下，越来越多学气象、爱气象，终身从事气象事业的人出现了。他们的存在不仅使我国气象事业走出了最低谷，并积极追赶世界气象科学发展潮流。无论是在抗日战争还是后来的新中国大规模经济建设过程中，这批人都发挥了十分重要的作用，为国家做出了巨大贡献。

4. 坚持。要赢得竞争主动，方向对了，努力足了，我们还要做到坚持不懈。我们要永远牢记"龟兔赛跑"中兔子之所以失败的教训。

5. 创新。人才竞争首先是创新的竞争。我们要创新就要始终重视科学研究，要赢得竞争的主动就不能都"跟着跑",要善于"弯道超车"或努力开辟和发展新领域新赛道,不断营造发展的新动能和新优势。

(六)环境造就人才规律

环境对人才成长的影响作用非常大,许多时候,环境因素是导致人才外流的主要因素。人才所需要的环境,是尊重人才、见贤思齐的社会环境,是鼓励创新、宽容失败的工作环境,是待遇适当、无后顾之忧的生活环境,是公开平等、竞争择优的制度环境。领导对人才的重视和关心,首先应从改善环境入手,努力为人才们创造"万类霜天竞自由"的环境。

在市场经济条件下,市场对资源配置起决定性作用,资源配置自然包括人才资源的配置,所以人才的成长发展,离不开市场驱动和市场激励等外部环境条件。人才的成长,要适应市场经济这个大环境,并充分利用这个外因条件。

(七)人才流动规律

人才流动是市场经济条件下人才资源配置的基本规律。人才合理流动是实现人才队伍结构、人才与其他生产要素组合优化的重要条件。人才能够流动起来,也是"人尽其才"的必要条件。如果没有人才流动,粤港澳大湾区就难以形成;没有人才流动,建设气象强国也难以实现。

人才流动的基本前提是确立人才的自主择业权和单位用人自主权。通过深化改革,以人才自主择业和单位自主用人为特征的双向选择机制已逐步形成。但人才流动中还存在着一些尚未破除的体制性障碍,一些地区对气象人才的需求未能得到有效满足。

(八)人才价值规律

价值是主客体之间的效用关系。人才的价值就是人才在社会活动中的评价或意义,是人才社会关系的重要体现。人才价值包括潜在价值和现实价值、自我价值和社会价值。人才价值的实现过程就是人才的潜在价值向现实价值的转化过程,人才的自我价值与社会价值相统一的过程。这是人才价值规律的基本内涵。遵循人才价值规律,是对人才工作的基本要求。人才工作应努力为人才实现价值创造有利条件,其工作重点是健全人才激励、评价和保障机制,维护人才合法权益。

遵循人才价值规律,需要正确评价人才。任何人才都不是完美的人才,我们只能看主流、看本质,不要求全责备。有山峰必然会有山谷。人才"有用"不一定"好用",庸才"好用"往往"不中用"。国家已提出要健全以创新能力和贡献为导向的人才评价体系,拥有创新成果的人才,才具有更大价值。

遵循人才价值规律,需要发挥激励机制作用,做好人才的收入分配和奖励工作,构建既公平合理又鼓励竞争的薪酬体系,使人才的贡献与报酬相符合。同时,我们要坚持精神奖励与物质奖励相结合、以精神奖励为主的原则,建立健全国家荣誉和奖励制度。

遵循人才价值规律,需要维护人才合法权益。如给予合理的工资待遇,签订劳动合同,参加社会保险,工作上给予充分信任、尊重和支持等。中国再也不能出现像赵九章先生、陈学溶先生所遭遇的曲折人生那样的事,我们要与压制人才、摧残人才、埋没人才的现象作斗争。

作为人才个体,不能将待遇高低作为人生事业的唯一指挥棒,但作为用人单位和社会,要将薪酬待遇问题作为引进人才、留住人才的主要因素之一,切实尊重人才的价值和贡献。

"专利制度就是将利益的燃料添加到天才之火上"。美国能产生这么多出类拔萃的人才,硅谷创新能保持长盛不衰,一个重要原因就在于普遍采取股权、期权激励,斯坦福大学的理念之一就是知识和财富的统一。人才是财富和价值的直接创造者,我们要让创新人才"名利双收",从而使创新、贡献与收益形成更紧密的联系。

(九)社会承认规律

"潜人才"向"显人才"转化、低层次人才向高层次人才发展,一是要有自己的创造性成果并为社会做出积极贡献。二是这些成果和贡献必须得到社会的承认,如专利必须要经过专利主管部门的鉴定,职称的评定必须经过职称评定委员会的认可等。如果人才有创造性成果但未被社会所承认,发现了真理、坚持了真理但暂时未被社会认可甚至被压制,这种现象我们称为"人才埋没",被埋没的这类人才被称为"潜人才",得到社会承认的人才,才是真正的人才。社会承认容易发生偏差,从而造成人才的埋没,我们则需要不断去改进社会承认的科学性。举个例子,著名气象学家陈学溶虽然学历较低,但科研成果丰硕,国家依此先后评定他为副研究员和研究员,这就是比较客观的社会承认。

(十)改革促进人才成长规律

马克思主义关于生产关系一定要适应生产力发展的原理也是改革促进人才成长的理论基础之一。人才现象的背后往往是制度问题,是体制、机制问题。一个社会能否人才辈出,关键看是否有合理的制度。改革是推动创新人才成长的重要动力,我们只有坚持改革先行,通过全面深化改革,破除一切束缚人才成长的桎梏,不断营造良好的人才生态环境,做到最大限度地激励人的成才积极性和创新活力,才能让人才成长得更好更快,并真正做到聚天下英才而用之,实现人才生产力的更大解放。

（十一）创新区域高度集聚人才规律

美国的硅谷属于创新区域,在这个区域里,集聚了世界上许多优秀的创新人才。我国北京、上海、粤港澳大湾区等地区,也集聚了许多优秀人才。这是马太效应规律在其有"利"于社会方面的体现——即优良的创新环境对人才所具有的强大的吸引和凝聚作用。

第五节　大气科学领域人才现状和成长特殊性

一、人才现状

大气科学发展,人才是关键。我国大气科学事业起步晚,20世纪初期一系列相关专业机构成立,我国大气科学人才的培养开始起步,诸多优秀人才开始涌现。中华人民共和国成立后,特别是改革开放以来,我国大气科学事业发展迅速,大气科学高层次人才培养的步伐也明显加快。截至2019年,国内有25所高校、6家科研院所设置大气科学类专业,其中,招收大气科学类专科生的高校有2所,招收大气科学类本科生的高校有21所,招收大气科学类硕士研究生的高校有19所,招收大气科学类博士研究生的高校有15所,6家科研院所中除了中国科学院地理科学与资源研究所大气科学类专业仅招收硕士研究生外,其他科研院所均招收大气科学类硕士、博士研究生。目前,大气科学类专业毕业生集中的院校有南京信息工程大学、成都信息工程大学、南京大学、兰州大学、中山大学、云南大学、中国海洋大学、中国农业大学、中国科学院大气所、中国气象科学研究院等,这些院校是大气科学高等教育招生的主力。南京信息工程大学和成都信息工程大学这两所院校的大气科学类专业及相关专业的毕业生数量达到全国大气科学类同年毕业生人数总量的60.5%。从毕业生层次来看,2018年大气科学类本科毕业生比例占73%,硕士毕业生比例占19%,博士研究生比例占8%。

截至2023年,全国高素质气象人才队伍人数达十余万人,70%的气象职工工作在地市级和县级市,气象系统重大业务工程负责人人员中,45岁以下青年人才占比超过70%。气象部门共汇聚两院院士9人,入选国家人才工程47人次,拥有国务院政府特殊津贴的在职专家59人,国家级重点创新团队2支,围绕气象科技重点领域引进特聘专家20余人。近年来,我国推送近20名初级专业人员赴世界气象组织工作。

近年来,我国气象人才队伍专业水平不断提升、结构持续优化、整体素质显著提高,在职人员大气科学专业占比超过51%,其中本科以上学历比例达到88%,硕士以上比例达到 25%,其中博士 1700 余人,正高级职称专家 1800 余人,中级职称以上比例超过 70%,叶笃正院士、曾庆存院士等人更是荣获国家最高科学技术奖。我国大气科学事业已经初步建成以大气科学为主体、多种专业有机融合的高素质的气象人才队伍。

另外,我国针对大气科学领域青年骨干人才的培养力度显著增强。近几年,国家先后选派 180 多名青年骨干人才公派出国留学,支持 530 余名省级、地市级骨干人才到国家级单位访问进修,为重大业务工程选配中青年负责人员 90 余名,选拔培养青年英才 220 余人,其中 18 人次获邹竞蒙气象科技人才奖、涂长望青年气象科技奖、谢义炳青年气象科技奖等人才和科技奖励,国际合作方面,国家则选派支持 17 人参加国际组织初级专业人员项目,中青年人才战略效果逐渐显现。

我国气象培训体系建设同样取得积极进展。气象培训体系更加健全,顶层设计得到强化,中国气象局气象干部培训学院(中共中国气象局党校)和培训分院(党校分校)的主体示范作用显著,培训能力明显增强。2013—2021 年我国在气象领域共举办 1481 期全国性培训班,培训各级各类人员 6.3 万余人次,网络培训已经实现了全覆盖。

我国气象学科和专业建设进一步加强。相关气象部门会同教育部一起加强对气象人才培养工作的指导,联合印发了《加强气象人才培养工作的指导意见》,强化局校合作,开设气象类专业的高校已经达到 33 所,大气科学类专业毕业生规模逐步扩大。在这一过程中相关部门同时强化高校师资队伍建设,建立气象教学名师和教学团队制度,定期开展遴选工作,举办高校教师现代气象业务研修班,气象部门对气象学科和专业建设的引领作用进一步增强。

气象人才效能持续增强。气象人才在推动高水平气象科技自立自强、筑牢防灾减灾第一道防线、服务中央重大决策部署和重大战略实施以及保障国家粮食安全、能源安全等方面发挥了关键作用,气象领域整体实力接近世界先进水平,人才队伍在气象事业发展中的支柱性作用明显提升,人才引领气象事业发展的局面初步形成,人才效能持续增强。

但是,目前我国气象人才队伍仍然主要存在四个方面的问题:一是气象人才队伍整体水平仍需提高,其与支撑保障气象事业高质量发展需要尚有差距。气象事业的"根"在基层,但有的地方基层专业队伍能力偏弱,并不同程度存在进人难、留人难、职称评聘难和人才发展空间有限等问题,现有人才队伍特别是气象预报、气象服务、气象监测、信息技术、业务支撑五大人才队伍的综合素质仍需抓紧提高。二是气象重点领域战略科技人才,科技领军人才和创新团队仍然不足,青年人才培养使用还需加强,对"高精尖缺"人才的引进和集聚力度不够,特别是世界级气象大师及领军人才缺乏。基础研究人才方面也不同程度存在着选才难、培养难、支持难、评价难、稳定难等问题。整体上缺乏具有国际视野、国际竞争力和创新能力的青年人才和跨学科人才。在面向全球监测、全球预报、全球服务以及"一带一路"气象合作和在地球系统、气候变化等领域组织国际大科学计划和大科学工程等方面,我们仍急需大量人才。三是气象人才供给的数量和质量存在较大差距,人才对气象学科发展的引领作用仍需加强。四是气象人才政策的精准性、协同性不够,激励人才创新发展措施的落实还存在"最后一千米"不畅通的问题,气象人才发展环境有待进一步优化。

2022 年 9 月,中国气象局出台了《气象人才发展规划(2022—2035 年)》,依据规划,国家从建设气象强国的总体要求出发,针对所存在的问题和差距,着力加强新时代气象人才工作整体谋划,统筹推进各领域人才队伍建设,努力营造气象人才创新发展的良好环境。

二、大气科学人才成长的特殊性

与其他领域的科学人才相比,大气科学人才的成长具有特殊性。

1. 大气科学是自然科学的一部分,现代大气科学是建立在数理化和现代信息技术基础上的,不经过正规训练难以胜任相关工作,没有一定学历基础更难以在科研上有所突破。

2. 大气科学不仅需要扎实的基础理论、基础技术、基础技能功底,还需要大量的实验验证,对实验条件及相应仪器设备的要求较高,如超高速计算机、雷达实验室、温度计、压力计、风向风速仪、高空观测仪器等。

3. 气象领域野外作业多,例如研究大气与海洋的关系就必须到海洋去实地观察和获取第一手材料,国内早期与国际接轨的测候所,如泰山测候所、峨眉山测候所等,工作生活条件都是十分艰苦的。

4. 气象科学研究需要一定的尖端观测手段,大气科学的发展不仅要依靠百叶箱,而且与高空观测条件甚至气象卫星的进步息息相关。

5. 气象科学研究需要长期积累原始资料,气象台的合理布局以及气象台工作人员长期认真观测和记录的数据都十分重要。举个例子,对于我国长江流域暴雨成因的分析,气象学家陈学溶就是通过大量观测原始数据,得出与学术权威不同的结论,即我国暴雨发生的原因一般与冷空气(大尺度天气系统)有关,但也有的与小尺度天气系统有关,从而开创了我国中小尺度天气系统的研究。澳大利亚悉尼每天的天气预报,都会附上 100 多年来这一天最高温度是哪一年,没有相当的资料积累和大数据化处理,就难以做到这一点。

6. 气象科学研究要跟国际同行开展广泛交流和合作,对研究人员外语水平要求较高,要求英语听说读写译全面掌握,最好还能掌握多门外语。著名气象学家陶诗言就掌握了英、日、德、俄四种语言,他深厚的外文基础给他获得和研究国际前沿知识以极大帮助。

大气科学人才的成长固然需要其自身的全面发展和基本功扎实,包括身体条件好、专业基础牢固,有一定的创新意识和创新能力,也需要有一定的经费条件和观测条件,这些与国家的经济条件和工业发展水平是密切关联的。

大气科学专业的学生需要形成自己的独特知识结构和能力结构,这方面各大学大气科学学院(系)均有科学设计和合理安排,学生们只要认真学好做好各门课程和实习、认真听取导师指导,加上自己独立思考、努力按照自己的人生目标不断努力就可以了。例如,中山大学大气科学学院对本学院大类本科学生的培养目标是:

(1)努力成为能够服务于我国大气科学事业、为中国特色社会主义新时代做出贡献的大气科学高级专门人才。

(2)必须具备深厚的数理和大气科学基础、有较强的计算机应用能力以及宽广的地球各圈层基础知识,从而具备厚基础、宽口径、厚积薄发的优秀发展潜力。

(3)在大气探测、数值模拟以及天气分析与预报等方面具备较强的实践能力,掌握气象业务相关的基本知识和技能,适应现代化的气象业务需求。

(4)通过大气科学学科的相关知识的学习,系统提高自己的科学思维和创新能力,使自己成为具备创新素质和创新能力的创新型大气科学高级人才。

在大气科学人才培养的众多课程中,专业基础课和外语固然应扎实学好,但也要切实学好马克思主义的基本原理,特别是辩证唯物主义和历史唯物主义,并用以指导大气科学的专业学习和走好自己的人生道路,尤其要学习恩格斯《自然辩证法》等原著,因为大气科学处处都体现出对立统一规律等辩证法原理。中国的学生同时也要学习好马克思主义中国化的毛泽东思想以及中国特色社会主义理论体系,真正弄清楚近代苦难深重的中华民族是如何一步步走向独立走向复兴,为什么现代中国要坚持党的领导和中国特色社会主义道路等,使自己的人生在"德"方面不要出问题。我国知名气象学家、中山大学气象学科主要创始人陈世训教授1938年毕业于上海暨南大学史地系气象小组,不仅经历过新旧社会,在"文革"中也曾受到过严重冲击。在1986年5月中山大学举行的青年教工座谈会上,陈世训教授代表老教授发言,他回顾了自己的人生经历,特别是在抗日战争时期的所见所闻,谆谆告诫青年教工要永远跟着中国共产党,中国才有光明的前途,他还在多个场合教育他的学生:我们的事业在中国。我国不少气象界的"一代宗师"和老一辈气象学家均经历过旧社会,他们对共产党、新中国的深厚感情都是源自切身体会,新中国成立前,以赵九章为所长的原国立中央研究院气象研究所的所有成员,没有一个人听从上级要他们去台湾的命令,这本身就是很不简单的政治选择,他们的这一重大决定为新中国气象事业的快速发展奠定了坚实的人才基础。旧中国我国气象事业发展缓慢,有许多地方都是空白,在新中国才得到了很大发展,新时代青年学生应该从老一辈气象学家的政治态度上得到启迪,深刻理解习近平总书记所说的"新中国来之不易,中国特色社会主义来之不易"等论述。

第六节　新时代国家对人才培养的更高要求

2021 年 9 月,中央人才工作会议提出了加快建设世界重要人才中心和创新高地的时代要求,党的二十大又要求"加快建设教育强国、科技强国、人才强国,并将教育、科技和人才作为三位一体的强国体制,高质量发展是全面建设社会主义现代化国家的首要任务,要坚持为党育人,为国育才,全面提高人才自主培养质量,着力造就拔尖创新人才,聚天下英才而用之",并提出了努力培养造就更多大师、战略科学家、一流科技领军人才和创新团队、青年科技人才、卓越工程师、大国工匠、高技能人才这七类人才。

一、自主培养高水平创新人才

习近平总书记在多个场合均对我国新时代实施人才强国战略和高校人才培养目标提出新要求。

要走好人才自主培养之路,高校特别是"双一流"大学要发挥培养基础研究人才主力军作用,全方位谋划基础学科人才培养,建设一批基础学科培养基地,培养高水平复合型人才。

要下大力气全方位培养、引进、用好人才。我国拥有世界上规模最大的高等教育体系,有各项事业发展的广阔舞台,完全能够源源不断培养造就大批优秀人才,完全能够培养出大师。我们要有这样的决心,这样的自信。

高水平研究型大学是国家战略科技力量的重要组成部分,要自觉履行高水平科技自立自强的使命担当。

加快高质量高端人才供给,到 2025 年,我国要基本建成规模结构更加优化、体制机制更加完善、培养质量显著提升、服务需求贡献卓著、国际影响力不断扩大的高水平研究生教育体系。到 2035 年,初步建成具有中国特色的研究生教育强国。

2023 年 2 月 21 日,习近平总书记又强调:加强基础研究,是实现高水平科技自立自强的迫切需要。加强基础研究,归根结底要靠高水平人才。必须下力气打造体系化、高层次基础研究人才培养平台,让更多基础研究人才竞相涌现。

2023 年 3 月 5 日在第十四届全国人民代表大会第一次会议上,习近平总书记又强调,我们能不能如期全面建成社会主义现代化强国,关键看科技自立自强;从现在起到本世纪中叶,全面建成社会主义现代化强国,全面推进中华民族伟大复兴,是全党全国人民的中心任务。在强国建设、民族复兴的新征程上,要坚定不移推动高质量发展,要只争朝夕……

二、国务院《气象高质量发展纲要（2022—2035）》明确提出建设一支高水平气象人才队伍

2022年4月，国务院下发了《气象高质量发展纲要（2022—2035）》（以下简称《纲要》），体现了国家对气象事业的高度重视，也标志着我国按下了建设气象强国的快车键。

《纲要》在提出我国为了早日实现气象现代化在2025年和2035年应实现的若干目标的同时，明确提出必须建设一支高水平气象人才队伍，包括：

1. 加强气象高层次人才队伍建设。加大国家级人才计划和人才奖励对气象领域支持力度。实施专项人才计划，培养造就一批气象战略科技人才、科技领军人才和创新团队，打造具有国际竞争力的青年科技人才队伍，加快形成气象高层次人才梯队。京津冀、长三角、粤港澳大湾区及高层次人才集中的中心城市，要深化气象人才体制机制改革创新，进一步加强对气象高层次人才的吸引和集聚。

2. 强化气象人才培养。加强大气科学领域学科专业建设和拔尖学生培养，鼓励和引导高校设置气象类专业，扩大招生规模，优化专业结构，加强气象跨学科人才培养，促进气象基础学科和应用学科交叉融合，形成高水平气象人才培养体系，将气象人才纳入国家基础研究人才专项。强化气象人才培养国际合作。加强气象教育培训体系和能力建设，推动气象人才队伍转型发展和素质提升。

3. 优化气象人才发展环境。建立以创新价值、能力、贡献为导向的气象人才评价体系，健全与岗位职责、工作业绩、实际贡献等紧密联系、充分体现人才价值、鼓励创新创造的分配激励机制，落实好成果转化收益分配有关规定。统筹不同层级、不同区域、不同领域人才发展，将气象人才培养统筹纳入地方人才队伍建设。引导和支持高校毕业生到中西部和艰苦边远地区从事气象工作，优化基层岗位设置，在基层台站专业技术人才中实施"定向评价、定向使用"政策，夯实基层气象人才基础。大力弘扬科学家精神和工匠精神，加大先进典型宣传力度。对在气象高质量发展工作中做出突出贡献的单位和个人，按照国家有关规定给予表彰和奖励。

中国气象局党组书记、局长陈振林在《绘就"气象万千"的人才画卷》的一文中，通过从强化政治引领和人才服务、加强党对人才工作的领导、深化体制机制改革全方位用好人才、以提升创新能力为目标，打造人才高地与创新平台、做大做强高层次人才、夯实基层人才支撑等多方面，对如何建设矢志爱国奉献、勇于创新发展的高水平气象人才队伍，重点建设气象预报、气象服务、气象监测、信息技术、业务支撑五支人才队伍，全面实施八项重大人才计划，千方百计成就人才，以及努力集聚全球高端气象人才和智力资源，夯实基层人才队伍，努力建设气象人才高地等进行了多方面论述，亮点很多。这也体现了中国气象局对新时代人才工作的高度重视。

第七节　中外部分气象学家谈大气科学人才成长

一、中外部分气象学家的名言

气象科学要获得更大突破,要有更广的视角和在多学科的框架之下才有可能。
要让学生成为独立思考者。

——罗斯贝

中国气象研究要与世界科学发展保持同步。
要有志气让外国人同我们接轨。

——叶笃正

读书、继承而不为所囿;探索、创新而不为求奇。做学问求真理大约就是这样。
科学研究的生涯往往是困难重重的,很少有容易的事,特别是研究一个全新的
或很复杂的问题时,似乎是无路可通,需要勇气、信心和毅力。只要问题提得正确,
相信必定有解决的办法,要锲而不舍,不达目的誓不甘休。

——曾庆存

服务是气象工作的唯一目的。

——涂长望

对大气科学基本理论的研究是极其重要的。

——谢义炳

拥有国际化的视野,才更有可能做出国际一流水平的科研成果。

——符淙斌

一个科学工作者要善于观察和捕捉问题,如同茫茫大森林中的猎人。要勤于思
考,充满想象。要敢于去想,去做前人没有想过、没有做过的问题和事。
我们中国人不比外国人差,我们应当树雄心立壮志,有自己的科学见解,形成自
己的学派。

——吕炯

要赶超国际先进水平,除了抓对问题之外,就是一定要有新东西,要有一些新观点、
新理论、新方法等。如果一样新东西也没有,就一定搞不过人家,甚至会越搞越落后。

——顾震潮

我现在自己还是有空就喜欢读书,我的兴趣很广泛,各个国家的书我都会看。
年轻人读书一定要从解决问题和自己的兴趣爱好出发才能"钻"进去。

——伍荣生

要完成从跟踪创新向自主创新的转变,强调"我国自主知识产权"和"原创性科技成果",实事求是地分析和考察国内外的基本理念,找到根本性的可改进的缺陷,从而提高我们自身的预报水平。

对一个具体的科学问题,不能只求"形似",主次不分,贪大求全;只有追求"神似",结合实际,牵住牛鼻子,找准着力点,才能集中力量找到解决复杂问题的关键和重点。

——丑纪范

搞科研必须具备三个素质,第一是从实践中发现问题的能力,第二是找寻到解决方法的能力,第三就是要有不怕失败、不怕困难的勇气。而这三点中最重要的是第一点。

一个东西你去看它,要从自己的角度看出它的价值来。读书,不是为读而读。比如看文献,有的是思想方法新奇,有的是文笔优美;有时甚至通篇看完,你认为这个推论是不成立的,但或许里头有一句话特别精彩,有一幅图比较独特,这都是可取之处。无论它有什么样的不足,都不应该妨碍你去欣赏它并从中获取所需。

读书还需要的另一种眼光就是找不足,要看它有没有做得不够的地方,你应该怎么去完善它;如果看出了不对,要敢于质疑。搞科研是不能停止接触新东西的,因为一个人只有看到的、听到的是最新最前沿的,才能想到、说出、做出最前沿最有用的东西来,止步不前无异于科研生命的终结。

我的成功源于自身的努力、良好的师友,还有机遇。

——陶诗言

一个人的一生无论是时间还是对社会的奉献都是很有限的。你们年轻人更要珍惜时光。

作为一个科学工作者,应当心怀坦荡,不应过分重于名利、计较得失。

——章基嘉

科学研究要仔细观察自然现象,要思考自然界的事实为什么存在,是什么道理。如果你能把自然界存在的事实揭露出来,并说出道理,而且所说的事实和道理是别人从未说过的,那么你就做出了创新。

实事求是的科学态度和坚韧不拔的科学精神是非常重要的,只有具备了实事求是的科学精神才有可能观察和理解自然,才有可能获得科学知识。

传递科学精神比传递科学知识本身更重要。

——许健民

气象研究非常需要青年人的参与。

——吴国雄

当下科学研究迎来了一个好时代,要珍惜这个奋进的环境,心怀感恩。

无论做任何事情,选择了,就一定要坚持下去,做到世界最顶端。

——戴永久

二、曾庆存院士的事迹和感想

曾庆存院士因为在数值天气预报和气象卫星遥感等领域做出了开创性贡献，荣获 2019 年国家最高科学技术奖。在得知获奖的那一刻，他仍然谦逊低调，自问：(我)"何德何能获得这个奖？"他感谢身后支持的国家以及身旁陪伴的家人，因为他们，他才能安心做科研。他也经常勉励同事，成功就在前方，让天有可测风云。

他曾赋诗明志："科学钻研心寂静，苍生忧乐血沸腾。"他的这种追求，是"欲明事理穷追底"，是"不求闻达亦斯文"。

(一)为国选择气象学

曾庆存的办公室在中国科学院大气所科研楼 8 层，凭窗远眺，云层似乎离得不远。办公室面积不大，前后两排书柜，中间一张办公桌。桌上摆着厚厚一叠书，书名《数值天气预报的数学物理基础》。随意浏览几页，满纸都是数学公式和符号，数学符号比汉字多，对非专业人士来说宛如天书。

40 多年前，曾庆存写完该书的书稿时，曾题诗一首作为书跋。诗中有句曰："清窗日夜无人扰，神敛卷开命笔时。"书写得很辛苦，但曾庆存好似带着一种神圣的使命感在进行写作，写完如释重负。"苦心谅亦有人知"，他以此句作为那首诗的结尾。

如今，这片"苦心"早已为世人所皆知。1961 年，曾庆存在世界上首次成功用原始方程直接进行实际天气预报实验，成功后随即用于天气预报业务。半个多世纪以来，他在数值天气预报上的开创性和基础性贡献，让全世界都受益。

如果把时间再往回拉，曾庆存不会想到，自己的一生将跟气象结缘，出生于农村的他，从小就知道天气对于一个"靠天吃饭"的农民家庭的意义。

1935 年，曾庆存出生于广东一个农民家庭。他曾撰文描述童年生活："小时候家贫如洗，白壁无尘。双亲率领我们这些孩子力耕垄亩，也只能过着朝望晚米的生活。深夜劳动归来，皓月当空，在门前摆开小桌，一家人喝着月照有影的稀粥——这就是美好的晚餐了。"

在田间地头耕作一天的农人，带着疲劳和月光回家，在结束这一天前，他们通常会遥望夜空。这并不是一种浪漫，而是一种现实的需要——他们希望能从遥远的夜空预测明天的天气，盼望着好天气带给他们好收成。这样的情景，曾庆存从小就习以为常。

1946 年，曾庆存 11 岁。一次台风登陆，风雨交加，读书不多的曾父一直渴望孩子读书成才，于是趁着雨夜无事，他决定考考两个儿子。曾父提议对对子，并先提一句:久雨疑天漏。曾庆存与哥哥应对,两人一边推敲一边聊天。"从自然到人事,父子兄弟竟然联句得诗",曾庆存回忆,诗曰,"久雨疑天漏,长风似宇空。丹心开日月,风雨不愁穷。"

1947年,12岁的曾庆存写了一首题为《春旱》的诗:"池塘水浅燕低飞,岸柳迎风不带姿。只为近来春雨少,共人皆作叹吁嘘。"

无论是"风雨不愁穷",还是"皆作叹吁嘘",对从小就在乡下长大、"力耕田野"的曾庆存而言,天气对农业收成和人民生活的影响,他有着切身感受。

1952年,曾庆存考取北京大学物理系。中华人民共和国成立之初,我国急需气象科学人才,北大物理系准备安排一部分学生学气象学专业,老师鼓励班上同学:而今万事俱备,只欠东风。意思是,国家已为大家准备好学习条件,只待大家安心学习。曾庆存自然能理解这种安排,很快地选择了这个熟悉却又陌生的学科。

"有一件事我印象很深,1954年的一场晚霜把河南40%的小麦冻死了,严重影响了当地的粮食产量。"曾庆存说,"如果能提前预判天气,做好防范,肯定能避免不少损失。"

(二)求解世界级难题

早上出门前,看一下手机上的天气预报,这是现在很多人的日常。但在过去,预知天气还得看天。所谓"看见天上钩钩云,就知地上雨淋淋",即是如此。但天有不测风云,天气预报并不是简单的观云识天就可以做到的。

20世纪,人们发明和应用气象仪器来测量大气状态,并将各地的气象观测数据汇总到一处,绘成天气图。但是,天气图严重依赖天气预报员的主观判断。在这个阶段,气象科学还处于描述性和半理论半经验阶段。

曾庆存上大学时曾在中央气象台实习,每天都能看到气象预报员们守候在天气图旁进行分析判断。在天气图上,雨用绿色标注,雷用红色标注。"喜见春雷平地起,漫山绿雨半天红",这是曾庆存对当时天气预报的印象。但他更多时候看到的是,由于缺少精确的计算,往往只能通过定性分析判断和凭经验进行预报,预报员自己心里都没把握。

经验性的天气预报,没法做到定量、定时、定点地判断。客观定量的数值天气预报是20世纪50年代刚刚起步的一个领域。所谓数值天气预报,就是根据大气动力学原理建立描述天气演变过程的方程组,然后输入大气状态的初值和边界条件,用计算机对数值求解,预测未来天气。"找出气象变化的规律,然后用数学方法把它算出来。"曾庆存如此形容。

在中央气象台实习的曾庆存,心里有了一个愿望:研究客观定量的数值天气预报,提高天气预报的准确性。

1957年,曾庆存被选派至苏联科学院应用地球物理研究所读研究生,师从国际著名气象学家基别尔。在那里,曾庆存的学习劲头以及数学物理功底深得基别尔认可。博士论文选题,导师给了他一个世界性难题——应用斜压大气动力学原始方程组做数值天气预报的研究。

大气动力学原始方程组是世界上最复杂的方程组之一。因为大气运动本身就非常复杂,包含涡旋和各种波动的运动过程及其相互作用,需要考虑和计算的大气物理变量非常多。当时,科学界虽已尝试用动力学方法进行天气形势短期预报,但都对方程组进行了严重简化,预报精度较低,达不到实用要求。所以要使数值预报真的实用,气象研究者们还得在原始方程研究方面取得突破。

"他把这个题目给我时,所有师兄都反对,认为我不一定研究得出来,可能拿不到学位。"曾庆存回忆。

要用原始方程组进行数值天气预报,第一步要了解大气运动的规律,第二步要思考用何种计算方法。大气运动如此复杂,这意味着计算量也非常大,并且还必须保证计算的稳定性和时效性。"计算的速度必须追上天气变化的速度,否则没意义。雨已经下了,你才算出来要下雨,有什么用?"曾庆存说。

那时候,超级计算机的发展才起步不久,在此条件下要想"追上天气变化的速度",从而实现真正的预报,几乎是不可能的。希望只能寄托在计算方法有更多的突破上。

曾庆存苦读冥思,每提出一个想法,就反复试验和求证。那时候,苏联的计算机也非常紧缺,留给他的可用机时很少。他因此经常通宵达旦,先做好准备工作,争取一次算完,立即分析计算结果,"灯火不熄,非虚语"。

1961 年,几经失败后,曾庆存终于从分析大气运动规律的本质入手,想出了用不同的计算途径分别计算不同过程的方法,一经试验便获得成功。他提出的方法叫"半隐式差分法",是世界上首个用原始方程直接进行实际天气预报的方法。该方法随即在莫斯科世界气象中心得到应用,预报准确率得到极大提升。应用原始方程是一个划时代的进步,当今数值天气预报业务都基于原始方程。半个世纪过去了,"半隐式差分法"至今仍在国际上得到广泛使用。

这一年,曾庆存 26 岁。获得苏联科学院副博士学位的他,踏上了回国的路。

(三)"饿着肚子推导公式"

再次踏上祖国的土地,曾庆存踌躇满志。他"热血沸腾,感而成句",写下一首《自励》诗:"温室栽培二十年,雄心初立志驱前。男儿若个真英俊,攀上珠峰踏北边。"

攀珠峰,即追求科学的最高峰。珠峰有"北坡难南坡易"一说,"踏北边"除了寓意要"迎难而上",是不是还有更深的含义?多年后,他如此解释:珠峰北边为中国领土,"踏北边"就是要"走中国道路"。

回国后,曾庆存进入中国科学院地球物理研究所气象研究室工作。由于当时没有电子计算机,曾庆存便集中注意力研究大气和地球流体力学以及数值天气预报中的基础理论问题,在数值天气预报与地球流体力学的数学物理系统理论研究中取得重要成果。这在当时看来是十分抽象和"脱离实际"的,但后来证明,这对数值预报进一步发展是极为重要的。

不仅在数值天气预报领域,对气象预报和气象灾害监测的另一个重要手段——卫星气象遥感领域,曾庆存也做出了开创性贡献。

在我国开始研制气象卫星后,1970年曾庆存又一次服从国家需要被紧急调任为卫星气象总体组的技术负责人,进入自己完全陌生的研究领域。当时,气象卫星在国际上尚处于初始阶段,温湿等定量遥感都没研究清楚。

那段时间,曾庆存很忙。自己生病了还要拖着病躯奔波于各地,妻子和幼子更是无暇照顾,只能托寄于农村老家。他就像自己口中的"赛马"一样往前冲,终于解决了卫星大气红外遥感的基础理论问题,并利用一年时间写出了《大气红外遥测原理》一书。该书于1974年出版,是当时世界上第一本系统讲述卫星大气红外遥感定量理论的专著,其中提出的"最佳信息层"等理论,是如今监测暴雨、台风等灾害性天气的极重要依据。此外,他提出的求解"遥感方程"的有效反演算法,成为世界各大气象卫星数据处理和服务中心的主要算法,在国际上得到广泛应用。

1988年9月,我国第一次成功发射气象卫星。在发射现场的曾庆存,喜不自禁,赋诗一首:"神箭高飞千里外,红星遥瞰五洲天。东西南北观微细,晴雨风云在目前。"

此后,曾庆存又开展了集卫星遥感、数值预测和超算于一体的气象灾害防控研究,有效提高了台风等灾害性天气的预报预警时效性和防控效果。近年来,他还带领团队积极参与全球气候和环境变化研究,发起和具体参与地球系统模式研究,并提出自然控制论等新理论。2016年,曾庆存获得全球气象领域的最重要奖项——世界气象组织颁发的国际气象组织奖。

有人会问,如此成就,曾庆存是怎么做到的?

与曾庆存共事多年的中国科学院大气物理所研究员赵思雄给出了一个答案,这个答案只有三个字:安、专、迷。

安,就是安心做事、安贫乐道。曾庆存刚回国时住几平方米的房子,除了床几无立足之地。但他心中的世界很大,在逼仄的空间里不分昼夜,完成了长达80万字的大气动力学和数值天气预报理论专著《数值天气预报的数学物理基础》。此外,他脚上穿的是在家门口农贸市场买的布鞋,头上戴的是多年前同事送的旧帽子。"陈景润是鞋儿破,你是帽儿破。"赵思雄常跟曾庆存如此开玩笑,很多人也笑称他为"曾景润"。

专,就是专心做研究。曾庆存曾跟友人提及"时人谬许曾景润",希望大家不要再表达这种"善意"。他认为,所谓"曾景润",只是"潜心学问"的自然表现。"血涌心田卫紫微,管宁专注竟忘雷",他写诗自述心意。管宁因为读书做事认真专注,而与行为相反的同学华歆割席分坐。曾庆存要守护心中的"紫微",唯有潜心和专注。

迷,就是痴迷。赵思雄说,"饿着肚子推公式",这种事情在曾庆存身上没少发生。算方程和推公式入了迷,他经常忘记吃饭和睡觉。

"现在就缺这种安、专、迷的精神。"赵思雄不无遗憾地说。

曾庆存院士心中的科学家精神,就是"为国为民为科学",没有这种精神搞不好科学研究。而且,他还教导学生,科学研究若想取得成功,还需要"能坐得住冷板凳,要勇敢、要坚毅",要有"十年磨一剑"的精神。

曾庆存院士在中国科学院还拥有"诗人院士"的美誉,已经出版了两本诗集。他认为,科学和艺术是不能分离的。

案例

南方海洋科学与工程广东省实验室(珠海)

南方海洋科学与工程广东省实验室(珠海)(以下简称实验室)是在广东省人民政府、珠海市人民政府和中山大学的关心和大力支持下于 2018 年 11 月成立的省级科研事业单位,我国著名海洋物理学家陈大可院士任该实验室主任。实验室目前汇聚了 19 名"两院"院士[①]和至少 12 名海洋、气象领域顶尖专家,如张培震、杨崧、王会军等。实验室的创立和发展力求体现国家意志、实现国家使命和代表国家水平。实验室对标国际先进实验室,实行"政府所有,大学管理"和理事会领导、学术委员会指导下的实验室主任负责制,以"共建、共享、共赢"为原则,以"崇尚首创,力求最优""国际一流、国内领先"等为核心理念,秉承服务"国家重大需求、国际科学前沿、地方经济发展"的"三轮"驱动发展战略,联合南京信息工程大学、香港城市大学、澳门科技大学、中国科学院大气物理研究所、国家气候中心、广东省气象局、华为集团等几十家境内外大学、研究机构和企事业单位,立足粤港澳大湾区,深耕南海,放眼全球。实验室也促进了海洋科学与大气科学的交叉融合发展,如海洋—陆地—大气相互作用与全球效应、地球系统模式、深海远洋多尺度动力过程和极地海洋与气候变化等方面的前沿研究均在该实验室进行。

实验室位于中山大学珠海校区海洋、大气学科楼群,主楼建筑面积 16 万平方米。重大科技基础设施包括"珠海云"智能型无人系统科考母船、"中山大学"号海洋综合科考实习船、"中山大学极地"号破冰船、"天河二号"超级计算机以及一批海洋工程试验装置等,也是广东省博士工作站之一。

---

① "两院"院士:中国科学院院士和中国工程院院士的统称。

第二章 大学是培养大气科学人才的主要阵地

第一节 大学是培养大气科学人才的主要阵地

近代以前,中国是多方面领先于西方国家的文明古国,主要在明朝后期逐渐落后,而高等教育的落后是其中很重要的原因。高等教育和科学技术发展的落后,导致多次工业革命和科技革命没有在中国发生,中国因此遭受了近代史上100多年屈辱的历史。教育和科学,确实是救国的重要良方。如果没有当年蒋丙然、竺可桢等进步青年勇于到先进国家留学并获得气象学博士学位,学成后又马上回国,在"荒原"上为发展中国的近现代气象事业不懈奋斗,中国的近现代大气科学还不知道要落后多少年!

1912年,中华民国成立,其为推动中国的近代化还是付出了许多努力的,包括成立中央研究院和气象研究所。气象研究所成立后,在积极开展气象科学研究的同时,通过举办多期培训班,又为社会培养了不少气象人才。我国多所与大气科学发展有密切关系的大学就是在这一时期先后诞生的,如浙江大学、南京大学、清华大学和北京大学等,这些大学都设立了地学系或气象专业,甚至还有气象系,为培养中国大气科学人才做出了开创性的突出贡献,使我国气象人才队伍从无到有,并逐渐发展壮大,这些人才也为中华人民共和国成立后大规模的经济文化建设奠定了重要的气象基础。

中华人民共和国成立后,我国大气科学领域的高等教育事业得到更快发展,建立了南京气象学院、成都气象学院等大气科学专业高等院校。虽然在"文化大革命"期间曾遭遇严重挫折,但改革开放以后,通过拨乱反正,"科教兴国"逐渐成为国人的共识,大气科学教育事业的发展更是如虎添翼,曾出现过的师资"青黄不接"和经费不足等问题逐步得到解决,从事大气科学工作的人员拥有本科以上学历的比例也得到了明显提升。

事实充分说明,大学阶段的大气科学教育的发展对于大气科学发展乃至中华民族自立于世界民族之林都是十分重要的,虽然说学科发展和大学发展是相辅相成的,但没有中国大学的发展就没有中国大气科学的发展,大学是培养大气科学高层次人才的主要阵地。

第二节　大学培养大气科学人才的主要目标和条件

一、主要目标

(一)大学培养的国家总目标

努力培养德智体美劳全面发展的中国特色社会主义的建设者和接班人。

立德树人、培根铸魂。

中国要变成一个强国,各方面都要强。

要下大气力全方位培养、引进、用好人才,我国拥有世界上规模最大的高等教育体系,有各项事业发展的广阔舞台,完全能够源源不断培养造就大批优秀人才,完全能够培养出大师。我们要有这样的决心,这样的自信。

人才培养首先要聚焦解决基础研究人才数量不足、质量不高问题。

要走好人才自主培养之路,高校特别是"双一流"大学要发挥培养基础研究人才主力军作用,全方位谋划基础学科人才培养,建设一批基础学科培养基地,培养高水平复合型人才。

我们比历史上任何时期都更加接近实现中华民族伟大复兴的宏伟目标,也比历史上任何时期都更加渴求人才。

办好中国的世界一流大学,必须有中国特色。要扎根中国大地,建设世界一流大学。

(二)各高校的特色目标

如中山大学的培养目标是培养学习力、思考力和行动力相统一的能"引领未来"的人才。

(三)培养理念

如成都信息工程大学的培养理念是"成于大气,信达天下";中山大学的培养理念是"用最优秀的人培养更优秀的人""育人育己"。

(四)大气科学有关学科的专业目标

如中山大学大气科学人才培养本科阶段的定位是:

1. 要培养能够积极投身于我国大气科学事业、为中国特色社会主义新时代做出

积极贡献的大气科学高级专门人才;

2.培养的学生,要求具备深厚的数理和大气科学基础、较强的计算机应用能力以及宽广的地球各圈层基础知识,从而具备厚基础、宽口径、厚积薄发的优秀发展潜力;

3. 要求学生在大气探测、数值模拟以及天气分析与预报等方面具备较强的实践能力,掌握气象业务相关的基本知识和技能,适应现代化的气象业务需求;

4. 通过大气科学学科的相关知识的学习,系统训练学生的科学思维和创新能力,使学生成为具备创新素质和创新能力的创新型大气科学高级人才。

二、培养高层次人才的主要条件

(一)高水平师资

用高水平的人才去培养更高水平的人才,高水平师资也来源于一流学科建设,高水平的师资也会对学生提出严格要求,真正做到"卓越教学"。

(二)学生来源

确保生源起点高,大学做大学的事。有的学生连写作都不符合要求,错别字较多;有的学生身体素质较差,或吃苦耐劳精神欠缺、难以胜任繁重的学习任务和攀登科学高峰的重任等,这些都会影响到大学对学生的培养质量。而对于有天赋、有潜力、有志趣的"好苗子",大学要敢于破格招入并重点培养,就像芝加哥大学对李政道这类学生那样,当年李政道在西南联合大学本科还没毕业就可以到芝加哥大学攻读博士学位了。

(三)经费条件

培养高层次大气科学人才,需要一定的经费条件,主要是师资的聘请费用、实验室建设和观测设施的投入、实验费用等。

(四)兴趣

兴趣是学生能否在大学里学有所成的重要条件。刚进校的学生要尽快调整好自己的兴趣焦点。无论是自己原来就对大气科学有兴趣,还是因学校调整专业而来学习大气科学,学生都需要尽快实现"安、钻、迷"角色的转换。一个人不能深刻认识大气科学的重要意义,对学习大气科学没有兴趣,是无法学好大气科学的,也很容易使其大学本科阶段的几年虚度,更不用说取得什么成就了。大学生一定要主动学习,独立思考,并早日形成"T"字型知识结构。研究生更是要早日从依赖型学习者转变为独立型研究者。著名大气科学家曾庆存院士原来考入的是北京大学物理系,但后来服从组织调配改学大气科学,并在此领域一直深耕,做出了突出成绩,曾庆存院士的人生道路为当代大气科学的大学生树立了很好的榜样。

(五)良好的学科建设

课程体系建设比较科学和规范,教材也比较先进,如通识教育与专业教育相结合,科学教育与艺术教育相结合,增加专业前沿知识课程、跨学科课程和研究方法类课程等,都是学生在大学阶段能够学有所成的必要条件。

(六)较高的学校管理水平和服务水平

学校具备良好的生活环境和学术环境,可以为师生提供较好的科研条件和生活条件。

(七)较易进入的创新领域

大学能够提供较多、较易获取的创新型科研渠道、方式,有助于师生尽早进入创新领域。

三、高层次人才成长的主要特点

高层次人才与高水平、高质量人才关系密切,高层次人才是建立在高水平、高质量人才的基础上的,高水平和高质量是动态的,努力培养更多更高水平更高质量人才是时代的迫切需要。任何人才的成长必须遵循人才成长规律和社会主义市场经济规律,才能事半功倍。对高层次人才的培养,除了必须遵循人才成长一般规律之外,还应了解高层次人才成长的特点,这些特点主要是高学历、高成果、高职称。高学历人才即获得硕士、博士学位甚至有博士后工作站经历的人才;高成果不仅体现在质量上、价值上,也体现在数量上;高职称则是指具有副高级职称以上的职称。高层次人才具有动态性和相对性,高学历、高职称与高成果之间一般是一致的,但不是绝对的。偏低学历、偏低职称但取得高水平成果的人也不少,如陶诗言、陈学溶等。在新时代,党和国家迫切需要更多的具有国际影响力的战略科学家等人才,所以高层次人才不应仅满足于获得副高以上职称,而应不断进取,瞄准更高目标,向院士进军,向罗斯贝奖进军,高成果高贡献才是高层次人才人生的最终目标。

高层次人才成长与创新息息相关,在研究型大学里,应倡导学生全面贯彻"大知识观"(即掌握知识、应用知识和创造知识相统一),重点聚焦于发现问题和解决问题的新思路、新方法、新路径,以及前沿科学和未来技术。

第三节　大学不同人才培养阶段的基本要求和培养路径

　　大学是培养大气科学高级专门人才的主要阵地,其基本要求是生源要高质量,师资要高水平并且严格要求学生,同时图书馆(包括书店)、实验室(设施)、后勤服务等要配套好,校园环境要优。

　　大学培养主要是通过本科、硕士研究生、博士研究生三个阶段进行培养。每个阶段都有不同的培养要求、培养模式和培养目标等。

一、本科阶段

　　必修课及选修课的课程安排、学分要求和论文通过,课堂教学和实验教学相结合是本科阶段培养人才的基本形式。

　　应该说,不同类型的涉大气科学的高校,其定位不同、培养目标不同,在本科阶段也就有不同的要求。但在开设公共基础课、专业基础课和专业课以及本科论文等方面,要求理论教学和实验教学相结合,要求学生掌握与培养目标相适应的基础理论、基础知识和基本技能等方面,是有共通性的。课程设置一定要体现时代性、先进性和专业性,如有的研究型大学,其课程设置中公共基础课包括公共必修课、通识教育课,专业基础课包括大类基础课程、专业基础课程、专业核心课程、专业提升课程、专业选修课程等。

(一)基本要求

　　1. 总体要求,热爱祖国,有科学的世界观和人生观,遵纪守法,具备过硬的政治素质,拥护中国共产党的领导,积极投身我国大气科学事业,为中华民族伟大复兴事业做贡献。

　　2. 知识维度要求,具备深厚的数理基础和大气科学基础、扎实的计算机应用能力以及宽广的地球各圈层基础知识。鼓励学生积极拓宽知识面,了解人文学科和美学基本知识,这能够为学生在大气科学或相关学科的发展打下更为宽广而扎实的基础。

　　3. 能力维度要求,通过大气科学基础和专业知识的学习和创新实践的训练,使学生具备自主学习、分析问题、解决问题的能力以及较强的创新能力,并且具备良好的团队协作、沟通和管理能力。

　　4. 综合素质维度要求,具备良好的科学人文素质,具备地球各圈层的学科交叉素养,具有更宽广的思维和视野,具有能够整合、综合运用交叉学科的知识去解决天气、气候以及全球变化带来的相关科学问题的综合能力。

(二)培养路径

主要分大类培养和专业培养两类。

本科第二学年为大类学习,通过学校通识课程和大类基础专业课程教育,学生们打下大气科学类人才所必须具备的外语和人文科学基础、数理化和大气科学专业基础等。

从第二学年学期中开始,根据学院专业分流机制,将低年级本科学生分流到大气科学专业和应用气象学专业,第三学年正式开始分专业培养。

高年级的课程实行模块化设置,分气象学、大气物理和大气化学等模块,学生可以根据自己的兴趣主修其中一个模块,实现个性化培养。除了已经标明的课程外,不管是分流到"大气科学专业"还是"应用气象学"的学生,都可以选修上述 4 个模块中任何一个模块的课程。"大气科学专业"和"应用气象学"的区分度更多地体现在它们各自的专业核心课程的差别上。

二、硕士研究生培养阶段

研究生教育肩负着高层次人才培养和创新创造的重要使命,是国家发展、社会进步的重要基石,是应对全球人才竞争的基础布局。2020 年 9 月,教育部等部门联合下发了《关于加快新时代研究生教育改革发展的意见》,提出要以"立德树人,服务需求,提高质量,追求卓越"为主线,面向世界科技竞争最前沿,面向经济社会发展主战场,面向人民群众新需求,面向国家治理大战略,瞄准科技前沿和关键领域,深入推进学科专业调整,提升导师队伍水平,完善人才培养体系,推进研究生教育治理体系和治理能力现代化,引导研究生培养单位办出特色、办出水平,加快建设研究生教育强国。

硕士研究生不仅需要更丰富的专业知识和专业训练,还需要发现问题、分析问题和解决问题的能力,特别是知识创新和实践创新的能力,这些能力对于将自己锻炼成为适应时代要求的创新型人才很重要。我国要全面建成社会主义现代化强国,要建设气象强国,就需要更多具有硕士研究生以上学历的人才,所以大气科学本科毕业生继续深造是时代的呼唤、历史的必然。但研究生培养也要注意做到供给与需求相匹配,数量和质量相统一,培养类型与经济社会发展相适应、与培养能力相匹配。

硕士研究生是具有硕士学位授予资格的高校培养的,硕士研究生有学术型研究生和专业型研究生两种类型,学习形式有全日制和非全日制两种。育人机制有科教融合、产教融合、导师负责制、加强国际学术交流和规范课程体系建设等。

大气科学的硕士研究生在总体符合上述特征的同时,也具有自己学科的特点。

下面以某高校大气科学硕士研究生培养方案为例。

培养方向：气象学、大气物理与大气环境、气候变化与环境生态学。

培养方式：课程实行学分制，具体形式是课程学分＋学位论文，要求在进行学位论文前修满 31 学分，其中必修课 25 学分，选修课 6 学分，另列出必读和选读中外书目，有《气候物理学》等 80 种，经典文献 7 种。

学位论文的选题要求体现大气科学专业的学科前沿、社会发展与国民经济建设的需要，有很好的科学意义或应用价值，有利于硕士研究生对所学的专业理论和知识的综合运用，有利于科研能力的训练与提高等。

三、博士研究生培养阶段

早日建成世界重要人才中心和创新高地，从某种意义上来说就是拥有博士学位的人力资源占全部人力资源的比例要大幅度提高。无论是要建设气象强国还是面向国际学术前沿，都要求有更多的年轻学子勇于继续深造、努力攀登博士学位高峰。只有获得博士学位，才能更接近国际学术前沿，才更有条件承担国家重大科研项目等。国内外许多著名气象学家，如美国的查尼，中国的竺可桢、叶笃正、谢义炳、曾庆存、王会军等，均获得了博士学位，并且是名牌大学的博士学位，竺可桢是哈佛大学的气象学博士，叶笃正、谢义炳都是芝加哥大学气象学博士，并且得到罗斯贝的亲自辅导。

我国大气科学博士的培养目标是在德才兼备的基础上，要求扎实掌握大气科学的基础理论和基本技能，了解本领域的研究动态，熟练掌握一门外国语和计算机应用技能，具有独立从事大气科学及相关领域的研究、教学工作或独立担负专门技术与管理工作的能力。当然，每所高校的大气科学学院（系）的定位不同，每个博士生的重点研究方向不同，故具体要求也有不同。

目前，我国大气科学博士研究生培养的学制为 3～4 年，必修课学分 19 学分，其中公共必修课 8 学分，英语就占 5 学分；专业必修课包括专业基础课和专业课共 11 学分，选修课至少有 1 门。专业基础课程包括"大气前沿科学问题""全球变化科学研究进展""学术规范与论文写作"，专业课根据研究方向的不同而不同。选修课程有"海气卫星遥感"等近 20 门。必读和选读书籍以及经典文献均是全英文的。

学位论文的选题要求体现大气科学专业的学科前沿、社会发展与国民经济建设的需要，有很好的科学意义或应用价值，有利于博士研究生对所学的专业理论和知识的综合运用，有利于科研能力的训练与提高。论文正文篇幅在 1 万～3 万字左右，符合学位论文的规范，并达到可以在专业学术刊物上发表的水平。博士研究生一般应在第二学年开始的三个月内完成论文开题报告及其答辩。博士研究生开题，须明确研究问题，深入进行研究综述。开题报告应该是一个基本形成体系并有一定深度和内涵的独立文本,而不是一个简要说明。

近几年来,全国个别高校发生了博士研究生主要因心理问题而导致轻生的现象,这不仅是国家的损失,更是个人的悲剧,对于这类现象,要查找原因,积极预防,及时发现苗头,通过加强心理辅导等措施尽量避免。攀登科学高峰包括攀登学历高峰是一个长期的艰苦奋斗过程,的确需要有坚韧不拔的毅力,对人的生理和心理上考验都很大,但任何情况下都不应该产生消极厌世的思想。中国的高等教育体系有比较完备的政治思想教育系统,有什么困难或疑惑,完全可以通过与辅导员或党团组织沟通而得到有效引导或解决。

第四节　积极探索培养高水平人才的更先进模式

现有的大学培养模式即大学本科是 4 年、硕士研究生 2～3 年、博士研究生 3～4 年等,是西方创造的,我们传承并有所创新。在同样的在校时间里,我们能否积极探索出培养高水平人才更先进的模式?

积极探索培养高水平人才更先进的模式,是时代的迫切需要。自主培养高水平的创新人才甚至大师是实现中华民族伟大复兴的必然要求。不少高校都积极探索具有自己学校特色的更先进的人才培养模式,如教育部 2009 年开始实施的"拔尖计划 1.0"形成了以"导师制、小班化、个性化、国际化"为内涵特征的基础学科拔尖人才培养"基本模式";2018 年启动的"拔尖计划 2.0",按照"拓围、增量、提质、创新"的总体思路,深入探索拔尖人才培养的"中国范式"。2019 年至 2021 年,先后在 77 所高校布局建设 288 个拔尖学生培养基地,初步形成了中国特色、世界水平的基础学科拔尖人才培养体系。在培养模式上,一些高校大胆改革,以英才学院为载体,实行学分制、导师制、书院制,个性化、小班化、国际化等"三制三化"人才培养模式。如上海交通大学致远学院、浙江大学竺可桢学院等。复旦大学党委副书记、校长金力提出,探索超常规、长链条、开放的未来顶尖人才培养模式,下探基础教育、上接高水平人才,把教育链与创新链、人才链融合起来,合理造就"大师"。中山大学积极探索具有中山大学特色的一流人才培养模式,除了积极推动学部制改革即"学校—学部—院系"三级学术治理体系之外,还成立了人文学部、医学部等七大学部,其中大气科学学院归属理学部,并进一步提出"六个融合"(坚持德育与智育融合,坚持学科与专业融合,坚持科研与教学融合,坚持本科生培养与研究生培养融合,坚持第二课堂与第一课堂融合,坚持通识教育与专业教育相融合)和努力创办"国家首先想到、社会首先想到、学界首先想到"的具有中国特色的世界一流大学,在此基础上实现了跨院系大类招生、集中培养等措施。暨南大学针对内地、港澳台侨、华人与海外留学生三类学生,创新了"分类培养、分流教学、同向融合"的育才模式,构建同向融合文化育人体系。广州医科大学积极推进特色拔尖创新人才培养体系建设,通过多学科交叉融合、跨单位联合培养的"临床医学+X"研究生分类培养机制,打造拔尖学生培养基地等途径,努力培养医学卓越人才。有的高校还提出,构建高水平人才自主培养体系势在必行,要跨学科培养复合型创新人才,建立产学研深度融合的基础研究人才培养机制;有的专家提出,基础学科人才培养周期长、投入高、见效慢,要汇聚合力构建高质量基础学科人才培养体系等。

中外许多名牌大学均对什么才是更好的人才培养模式不断进行探索,如美国哈佛大学通过扩大选修课比例来提高学生毕业后适应社会引领社会的能力,斯坦福大学通过讨论式、启发式、发现式教学、加强创新创业教育来提高学生创新能力,原武汉大学校长刘道玉曾提出大学培养创造性人才的模式,即"SSR 创造教育模式":第一个 S 是英文词组"Study Independently"的缩写,可理解为自学或独立学习;第二个 S 是英文单词 Seninar 的缩写,指大学生在导师指导下进行课堂讨论的一种形式,有时也指讨论式的课程,意思是要尊重科学,发扬民主,发扬自由研究、自由讨论的学风;R 是英文单词 Research 的缩写,即研究和探索的意思。

对于高层次人才培养质量的更有效监控,是更先进人才培养模式的重要方面。教育部早已明确要求,对研究生教育要加强关键环节质量监控,完善分流选择机制。[①]

更好的人才培养模式是什么样的? 能在更短时间里培养出更多高水平高质量的人才,他们毕业后能为国家现代化发展和人类进步事业做出突出贡献、成为拔尖的创新型人才,这样的培养模式就是好的人才培养模式。

人才培养模式与人才培养理念有很大关系。在这方面,中西方国家有一定区别。

美籍华人、诺贝尔物理奖获得者李政道认为,培养人才最重要的是培养创造能力。

华裔诺贝尔化学奖获得者朱棣文认为,美国学生的学习成绩不如中国学生,但有创新及冒险精神,往往能创造出一些惊人的成就,创新精神强而天资差一点的学生往往比天资强而创新精神不足的学生更能取得大的成绩。

华裔诺贝尔物理学奖获得者丁肇中认为,成功在于勤、智、趣:"天天读书,成绩优秀并不代表在科学上就能取得成就""书里写的都是别人做过的事情,科研是要求做别人未做过的""我们不能跟在别人后面,要做点别人没做过的事情"。他还认为:"自然科学和体育是不一样,研究自然科学只有第一名,没有第二名。没有人知道谁是第二个发现相对论的,这和体育有冠军、有亚军是不一样的。要研究科学的话,尤其是做物理研究,你一定要认为这是你一辈子最重要的事,其他的事情都是次要的。"

---

① 许多高校也在不断探索,如中山大学对研究生教育建立了"逐年考核、逐层预警、逐步分流"的全程高质培养模式。

在人工智能时代,教育如何适应时代发展要求? 香港科技大学(广州)校长认为,传统教育培养学生发现问题、思考问题、定义问题和应用各种工具解决问题的能力,如今,AI(人工智能)可助力甚至部分取代人类解决问题,因此更应培养学生发现问题、定义问题的能力。

中山大学现任校长高松院士提出"加强基础、促进交叉、尊重选择、卓越教学"十六字人才培养理念,将教与学的重心真正转移到"以学生成长成才为中心"上来。把"三个最大限度"作为人才培养质量的评价标准,即最大限度激发学生学习主动性、积极性、创造性和好奇心,最大限度地培养学生自主学习、分析和解决问题的综合能力,最大限度促进学生的个性发展与学生主体性的构建、弘扬与提升。倡导"为未知而教,为未来而学",努力实现"两个转变":教师的教学任务,要从单纯"传授知识"转变为帮助学生学会如何学习、如何工作、如何合作、如何生存,以适应未来不确定性所带来的挑战;学生的学习目标,要从只为"应付考试"转变为通过个性化自主学习,使自己在德智体美劳等方面得到全面、和谐、充分的主动发展。

广州医科大学原是一所地方医学院,但仅用了 10 年就实现了跨越式发展,成为一所进入"双一流"行列的高水平大学,该校现任校长赵醒村认为,只有培养出世界一流人才的高校,才能成为世界一流大学。钟南山院士的人才培养理念是创新、使命、文化,其中"创新"指我们要培养具有创新精神、具备创新能力的高水平医学人才,"使命"指我们培养出来的人要有担当,具有使命感、责任感,有理想有追求,"文化"指该校培养出来的人要打上深深的"南山精神"烙印,也就是具有勇于担当的家国情怀、实事求是的科学精神、追求卓越的人生态度。

人才学家认为,人才有很多特性,如进步性、时代性、贡献性等,但创造性是人才的根本特性,"T"字形结构的复合型人才最适应时代发展要求,其中"—"代表广博的知识面,"丨"实际上是"↓",代表一个人的专业、专长、优势和在某方面取得的突破。其中"—"是为"↓"服务的。如果一个人一生只有广博的知识,但没有在某方面有创新有突破,他很难被称为是真正的人才,只有突破特别是重大突破,才会产生高峰。一个人的一生一定要有自己的学历、专业和专长,也一定要在某方面有创新有突破。如果我国高校所培养的大学生都有这样的意识和能力,我国建设创新型国家一定可以取得更显著的成效,我国进军诺贝尔科学奖也一定可以取得更大的进展。立体的"T"字形中,还有一根第三维的线,代表一个人的寿命。

大学毕业生是体现了一定人力资本的群体,但不一定都能为社会做出较大贡献。只有乐于奉献并具有创新性成果的人才资本才能真正推动社会进步。有条件的青年人一定要先解决好人力资本问题,即接受正规教育,掌握更多的知识和技能,使自己成为有专业、有专长的人,再通过自学、创新等实现人生更大价值。但如果由于某种原因,自己的人力资本有所不足,可以通过加强人才资本中的"隐形资本"投入而实现成才目标。学历与成就不都是画等号的,人生的最终目标是高成就,高学历高成就的人生更完美,也更符合时代要求,但社会高学历低成就或低学历高成就也不是个别现象。我们只要不断提高学习力(正规学习+自学)、创新力(思想力+行动力)和就业力,就能实现高成就的目标。

显然,所谓的高水平高质量,不仅仅是让学生掌握好通识、专业的基本理论和基本技能以及适应社会、顺利就业的能力,更重要的是要让学生具有创新意识、创新能力和将来取得高成就的能力。

有专家认为,中国教育的长处是重视打好基础和全面发展,但对创造性思维、动手能力等创造能力的培养不足,实验和创业的条件也有所欠缺。这方面要多向美国等发达国家学习,适当缩短学生掌握知识的时间,即提高学生掌握必要知识的效率,处理好博与专的关系,增加学生为应用知识和创造业绩准备的时间,从而提高创新创业能力。

我国的大气科学人才培养,不仅起步较晚,而且中华人民共和国成立后,又经历了一定曲折,所以一直在"急起直追",希望尽量用较短时间赶上和超过发达国家这方面的水平,这是实现中华民族伟大复兴的必然要求。要做到这一点,一是继续千方百计虚心学习发达国家在这方面的一切积极成果,争取站在"巨人的肩膀上"。竺可桢能成为我国现代大气科学事业的开创者和奠基人,他曾在美国哈佛大学学习当时最先进的地理和气象学说,是一个重要原因;曾庆存能在数值天气预报等方面做出突出贡献,部分源于他在苏联留学期间他的博士生导师给他的博士学位论文题目。二是引导学生敢于攻克世界难题、勇于创新、善于突破,在这过程中努力探索培养高水平人才的更先进模式。如中山大学大气科学学院在学生四年本科阶段的头两年,采取大类招生大类培养,到了第三年才按照大气科学专业和应用气象学专业进行分流,并引导学生模块化地系统选修,如按照气象学、大气物理和大气化学、海洋气象学、空间气象学4个模块进行系统选修,逐步进行个性化培养。同时,随着本科生深造率的不断提升,他们在本科四年级就开设了系列的本硕贯通课程。按照我国研究型大学培养高级专门人才的学制,大学本科要4年,硕士研究生要3年,博士研究生要3~4年,仅这三个阶段就要10年以上,如果加上博士后工作站的阶段,时间就更长了。随着高等教育体制改革的不断深入,近年来出现了硕博连读、本硕连读等教育培养模式,其中硕博连读学制仅需5年。对于大气科学人才的培养,一是人才培养要更高质量更高水平,二是人才培养的周期,三是招生等重要环节,这些都是可以不断探索不断创新的。著名科学家李政道1946年在西南联合大学还没有本科毕业就经吴大猷教授推荐赴美攻读博士学位,1950年6月获得美国芝加哥博士学位,这在中国目前的教育体制下几乎不可能做到。在互联网和人工智能时代里,有限的学制时间如何能适当缩短,让学生掌握知识的时间和增加应用知识、创造新知识的时间得到更合理的安排,我国的研究生培养环节如何能早日培养出更多高水平人才,特别是世界级大师级人才,以适应国家和社会对高层次人才的急需,满足国家加快建设世界重要人才中心和创新高地和建设气象强国的要求,这是值得好好思考的。香港科技大学(广州)正在积极探索人才培养的新模式。以学校的"红鸟硕士项目"为例,重点围绕医疗健康、可持续生活、智能工业化三个未来人类可能遇到重大挑战的领域,通过项目引导式的创新教学方法,探索以"学生为中心"的跨学科人才培养新模式,持续为社会培养和输送复合型创新型人才。我国航空母舰舰载机事业起步晚,基础薄弱,但发展很快,海军大学为了培养出更多符合要求的舰载机飞行员而大胆探索,勇于创新,采取超常措施追赶,成功摸索出培养合格舰载机飞行员的"生长模式""面装模式"等,使培养链各环节全面贯通,人才培养时间大幅缩短,实现了"弯道超车",得到了党和军队的高度肯定,虽然他们是非学历教育,但其创新理念和创新精神值得我们借鉴。美国哈佛大学对本科阶段学生的培养通过加强通识教育,增加选修课,适当减少必修课,所培养的人才一直都是高质量的。美国斯坦福大学高度重视对学生进行创新创业教育,他们培养的学生创新能力都很强。这些名校均以自己的特色而培养出优秀人才。中国高校的大气科学学院(系),虽然办学历史没有西方一些大学长,但一定要有决心有信心早日培养出中国的罗斯贝、新时代的竺可桢、叶笃正。王会军院士就是我国自主培养的高水平大气科学人才的一个缩影。王会军院士1986年毕业于北京大学地球物理系,1991年获得中国科学院大气物理研究所博士学位后留所工作,2005年担任中国科学院大气物理研究所所长,2013年当选中国科学院院士,2014年当选中国气象学会理事长,2015年任南京信息工程大学全职教授,2018年受聘为挪威卑尔根大学荣誉教授等。

人才成长环境也是更优人才培养模式的重要方面。东京大学是世界一流大学,在其正门附近不到300米,就有十几家各类专业书店;青年爱因斯坦不太喜欢大学的一些课程,但大学图书馆的丰富藏书却助力了他的成长。

第五节　博士后流动站研究人员的培养

高等院校和科研院所设立博士后流动站培养高层次研究人员,是早日培养出高层次人才的重要途径。

高等院校和科研院所设立博士后流动站的主要条件有以下几个。

1. 具有相应学科的博士学位授予权,并已培养出一届以上的博士毕业生。

2. 具有一定数量的博士生指导教师。

3. 具有较强的科研实力和较高的学术水平,承担国家重大研究项目,科研工作处于国内前列,博士后研究项目具有理论或技术创新性。

4. 具有必需的科研条件和科研经费,并能为博士后人员提供必要的生活条件。具有博士学位一级学科授予权、建有国家重点实验室的学科和国家重点学科可优先设立流动站。南京信息工程大学、南京大学和中山大学的大气科学学院等,均设立了博士后流动站。

对于有条件的企业、从事科学研究和技术开发的事业单位、省级以上高新技术开发区、经济技术开发区和留学人员创业园区等,也应该积极设立博士后工作站,多渠道培养高水平涉大气科学的研究人员,并促进产学研更密切结合。

中国与西方发达国家的差距,很大程度上是科学研究特别是基础研究的差距、研究人员数量和质量的差距。继续创造条件大力发展多方面的博士后流动站,是建设气象强国的迫切需要,是实现中国式现代化的迫切需要。

第六节　出国留学是大气科学人才成长的重要途径

对于大气科学等现代科学技术和先进学科,中国总体上是晚起步者、追赶者,现阶段仍需要虚心学习西方发达国家在这方面的先进理论。改革开放是决定当代中国前途命运的关键一招;进一步推动更高水平的开放是如期实现中国式现代化的必要条件;出国留学是培养高层次大气科学人才的重要途径。在条件允许的情况下,希望更多的大气科学学院(系)的毕业生到国外大气科学比较先进的国家留学,攻读更高学位或进修。

大气科学学科比较先进的国家并且曾培养过我国杰出大气科学家的大学详见《附录二》。

出国留学要注意几种不良倾向。

1. 不积极创造条件出国留学。

2. 出国留学期间不珍惜机会,不刻苦学习,不能尽快了解和掌握尽可能多的最先进的理论和学说,不积极参加有关重要科研活动,以致出国几年业绩平淡学无所成。

3. 学成之后不回国服务,至少不通过多种形式为祖国早日强大服务。

4. 留学人员回国后没有用好。

近几年,一些西方国家企图遏制中国的发展,采取了多种措施限制中国与西方国家进行学术交流和大学生留学,中国既要针对个别国家采取有理有利有节的斗争,也要争取大多数国家对我们敞开国门,让更多的国家和人民了解真实的中国,减少误解,促进正常的国际交流。面对遏制和打压,国家强调加快构建新发展格局,这不仅对经济发展有重要意义,对教育也有重要意义。自主培养和出国留学均很重要,应尽量为毕业生提供出国留学机会,但也要重视提高自主培养水平。随着我国加快建设教育强国的步伐,今后到我国留学的国际留学生人数必然会明显增加。

2023年4月,法国总统马克龙到访中山大学,受到了中山大学师生的热烈欢迎,也体现了中国青年对加强国际交流的向往。马克龙总统在访问中山大学期间,多次强调中法两国之间文化交流的重要性。

第七节　积极营造良好的成才氛围

大学是培养大气科学人才甚至未来科学巨匠的主阵地,所以在人才培养的全过程各环节都积极营造良好的成才氛围十分重要,主要包括以下几个方面。

1. 在大学阶段切实打好成才基础,包括全面发展基础和专业基础。在成才的过程中,热爱专业、切实掌握专业知识是基本要求,千万不能应付学习、虚度光阴。曾经有的高校"人心向学"都成问题,在新时代部分学生出现了玩手机的时间多过看书时间的现象,以致著名大气科学家伍荣生院士对这类现象也提出了批评。

在成才过程中,要特别注意"德"和"体"不能出问题,"德"包括政治方向和思想品德等方面,要多从国家和人民的立场上去思考问题,多考虑"国之大者",自觉走历史必由之路,并有良好的社会公德、职业道德和家庭美德。

在身心健康方面,要向钟南山等模范人物学习,从年轻时就积极锻炼身体,并讲究卫生,养成良好的生活习惯,积极预防和及时治疗疾病,努力做到至少"健康工作五十年"。

另外,要注意将自己培养成为复合型、创新型人才,既善于脑力劳动,也善于从事体力劳动;既敢于做大事,也认真做好每件小事;既有良好的智商,也有较好的情商和"时间商";既有广博的知识,也能在某方面有所突破;学业、事业和家业不可偏废。

2. 大学要不断吸收中外著名大学的长处,不断创新人才培养模式,包括设置更科学的必修课和选修课的比例,物色更优秀的教师,全方位、全过程助力学生健康成长,使学生们能在大学阶段做到基础知识扎实、成才基础扎实,并早日参与科学研究等创新活动,为今后走上工作岗位尽早取得高成就奠定基础。

3. 除了要积极营造浓厚的启发式、讨论式、发现式的学习氛围之外,还要积极培育"敢质疑""批判性学习"等氛围。对于大气科学来说,未解决的问题依然很多,其中不乏世界性难题。高水平的创新人才都是在不断解决问题的过程中涌现出来的。大气科学新理论如何能更多地由中国学者提出?中国的大气科学如何能更快走在世界的前列?如何成为未来技术的创新者或最早掌握者?这些都值得好好讨论。

4. 培养高水平人才一定要在开放的条件下,千方百计争取出国留学特别是到大气科学学科更先进的国家留学,这仍是培养高水平大气科学人才的重要渠道。加强国际交流合作也是不断推动大气科学发展的重要平台。强化高水平人才的自主培养也要"知己知彼",清晰地把握当今时代大气科学最先进的水平是什么,目前国际同行最关注的焦点是什么,我国大气科学发展的现状是什么,我们才能够引导更多人才更精准地去努力赶超,在这过程中不断推动"双一流"建设。

5. "扎根中国大地"是我们建设世界一流大学的重要条件,我国是一个自然灾害频发的国家,气象是防灾减灾的第一道防线。努力解决当地与气象有关的许多迫切需要解决的问题,将本区域与大气环境有关的自然灾害减少到最低限度,不仅是大气科学人才大有作为的广阔天地,也是培养高水平大气科学人才的重要机会。所以让大学生们适当接触社会、了解现实是很重要的。

6. 大学人才培养的配套设施要跟上,如除了实验室建设等,大学生们创新创业的工作条件和政策条件以及辅导员队伍建设等也很重要。

7. 关心各类大学毕业生的就业问题。大学毕业生能否顺利就业,相当于企业的产品能否顺利销售,这一方面对大学生本人能否尽快为社会做出贡献有影响,对以后的大学生选择学习大气科学有影响,另一方面也可以反馈各类大学生培养质量、数量和专业设置是否符合社会需要等问题。当然,大学毕业生本身也要有正确的就业观,具备实事求是的就业态度和勇于到祖国最需要的地方去的思想觉悟。

第八节　培养高水平的创新型人才

一、努力将自己培养成为高水平的创新型人才

要早日让我国的大气科学走到世界的前列,全面建设气象强国,关键是让高水平、创新型人才的数量和质量得到大幅度提升。人才要努力将自己往这个方向上培养,重点在下面几方面不懈努力。

成才的外因,如优秀的教师、先进的图书馆(包括书店)和优美的校园环境等,都是次要的,关键还是人才自己的主观能动性,能否勤奋努力,刻苦学习,勤于思考。我国著名气象学家曾庆存院士出身贫寒,但艰苦的生活反而锤炼出他坚忍不拔的毅力。他感恩新中国、感恩党和政府,认为没有新中国他就不可能上大学,为国家为人民为科学,是他永远向前的动力源。他一生克服了无数困难,不断攀登大气科学的珠穆朗玛峰,并且硕果累累,直到85岁高龄,他仍致力于科研创新,内心驱动力是他不懈奋斗的主要动力源。

高起点、高学历、高成就是新时代对高水平人才的呼唤,这需要青年一代勇于迎接挑战,努力向院士们看齐,期待青年人才中早日涌现出中国的罗斯贝、查尼和洛伦兹,涌现更多的竺可桢、叶笃正和曾庆存式的人才,这是中国建设气象强国的必然要求,也是中国大气科学走向世界前列的前提条件。

成才的路就在脚下,只有努力成为复合型、创新型人才方能适应时代的需要并去引领时代,只有早日明确目标、早日奋发图强并持之以恒才能早日取得成功。智慧气象就是未来气象事业发展的重要趋势之一,我们只有早日积极投身于此,方可以大有作为。

在校大学生要注意避免陷入一些误区,比如缺乏成才志气、对大气科学的重要性认识不足、过于追求眼前利益,迷茫、好高骛远等。

二、切实做好大气科学专业毕业的各类大学生的就业工作

无论是本科生、硕士生还是博士生,毕业后早日奔赴工作岗位,使个人价值早日转化为社会价值,知识早日转化为财富,不仅是国家的需要,更是个人的迫切需要。

尽管现在就业是毕业生和用人单位双向选择的结果,但毕业生所在学院和需要用人的气象行业单位应该对此加以关心和指导。学院利用自身各方面资源给予毕业生帮助,尽可能尽快帮毕业生找到满意工作,不但能让毕业生感到温暖,还有利于吸引更多更优秀的高中毕业生报考大气科学专业,有利于现有大气科学专业毕业生巩固专业志向。

要引导更多的本科毕业生继续深造,争取有更多的人获得研究生学位。我国要建设全球重要的人才中心和创新高地,一个重要的内容就是大幅度提高公民的学历水平。我国气象行业在职人员现本科以上学历比例已经达到88%,但硕士以上学历的暂时还只有25%。

各类大气科学专业的学生毕业后应尽量到与大气科学有关的单位就业,其中博士学位的去高校、科研院所从事教学科研的机会更大,但也可根据自己的实际情况选择别的行业,但无论从事什么行业,追求卓越应是永恒的追求。美国开国元勋本杰明·富兰克林还曾是一名与气象有缘的学生。建设气象强国、发展大气科学事业,也需要别的专业的人才加盟,共同建设以大气科学为主体、多种专业有机融合的高素质气象人才队伍。

案例一

中国第一个创建气象学系的高校

黄士松　王鹏　章震越

中国第一个创建气象学系的高等院校是民国时期的国立中央大学。中央大学于1944年建立了全国第一个气象学系,这一方面是为适应当时抗日战争军事上的需要以及工业、农业、交通各方面建设的需要,另一方面同中央大学突出的历史基础和发展条件也是分不开的。中央大学有关气象学科目的设置,渊源可上溯至两江师范

时期,其间变革甚多,经约四十年而成立一独立学系。

一、全国最早开设气象学内容课程的学校之一

1902年,三江师范学堂建立,该年清政府《奏定学堂章程》中把师范教育分为"优""初"两级,在《奏定优级师范学堂章程》中规定,以数理化类为主的学科中,第二、三年级的物理课要有气象学内容。1905年,三江师范学堂改建为两江师范优级学堂,当时全国优级师范学堂仅有四所,分别位于北京、武昌、广州、南京。1905年前后,两江师范即开设含有气象学内容的课程,成为全国最早开设气象学内容课程的少数学校之一。

1912年9月,当时的教育部公布了新的教育宗旨和学制系统,其中,《师范教育令》《高等师范学校规程》等规定,高等师范学校分为预科、本科及研究部,本科设国文部、英语部、历史地理部、数学部、物理化学部,同时规定了各部学习的科目。1915年2月,两江师范改建为南京高等师范学校,1919年该校教学体制改设为两部六科,即国文史地部、数学理化部及教育专修科、英文专修科、农业专修科、工艺专修科、商业专修科、体育专修科。有关气象学内容的课设在数理化部及农业专修科。

二、全国最早成立地学系,最早讲授近代气象学

1920年1月,南京高等师范学校又对教学体制进行了变动,原两个部合建为文理科,下设八个系:国文系、英文系、哲学系、历史系、数学系、物理系、化学系、地学系。原六个专修科再增加文理专修科和国文专修科。

1918年秋竺可桢自美回国,先在武昌高等师范学校教授地理学和气象学,1920年秋受聘来到南京高等师范学校,充实其在武昌编写的教材,成为国内高等院校系统地传授近代地理学及气象学的先驱。他的气象学讲义在1929年被收入商务印出馆出版的《万有文库》内。1920年底南京高等师范学校和其他院校并建为国立东南大学,设有5科23系,5科即文理科、教育科、农科、工科和商科。23系即国文系、英文系、哲学系、历史系、政治系、经济系、数学系(天文系)、物理系、化学系、地学系、生物系、心理系、教育系、体育系、农艺系、园艺系、畜牧系、病虫害系、农业化学系、机械工程系、会计系、银行系和工商管理系。竺可桢于1921年初被聘为第一任地学系系主任,那时地学系分为地理气象和地质矿物两个组。1925—1927年夏,竺可桢离开东南大学,1927年6月,东南大学改建为国立第四中山大学,竺可桢再次受聘回校并继续担任地学系主任。1928年2月学校改名为江苏大学,同年8月定名为国立中央大学。竺可桢曾先后开设地学通论、中国地理、亚洲地理、欧洲地理、气象学、世界各国气候、绘地图法等课,并在校内设建气象观测台。我国最早一代知名地理学家和气象学家,诸如胡焕庸、张其昀、诸葛麒、黄厦千、沈孝凰、沈思屿、陆鸿图、朱文荣、张宝堃、吕炯等,都是他这一时期的学生。1928年,竺可桢被任命为国立中央研究院气象研究所所长。1929年他辞去地学系系主任职后,地学系系主任由郑厚怀(地质学教授)接任,系里气象学课由沈思屿执教。那时竺可桢虽然离开了大学,但仍经常来系

里指导工作,为学生做学术报告。

国立中央研究院气象研究所成立初期,所里首批骨干力量,如沈孝凰、陆鸿图、诸葛麒、张宝堃、吕炯、郑子政等,都是竺可桢在南京高等师范学校、东南大学、中央大学期间的学生(胡焕庸也曾在研究所兼职工作过)。就是这一批气象人才,在竺可桢领导下,为建设中国自己的近代气象事业奠定了稳固的基础。在这之前,虽然设于北京的中央观象台曾在1913年由蒋丙然任气象科长,主管全国气象业务,为建设我国自己的气象台站作过努力,但由于未从培养高级气象人才入手,加之军阀掌政,政局不稳,人才不足,经费短缺,建台站的成效不明显。另外,在我国广袤的国土上,近代气象台都是外国人建立的,海关测候所都掌握在外人手里,气象观测资料及天气预报均由他们支配、发布并主要为外国人服务。

三、全国最早成立地理学系及气象学组(专业)

1928年,胡焕庸自法国留学回国,9月受中央大学聘请来校任教,同时也受气象研究所聘请任兼职研究员,协助竺先生工作。1930年,中央大学校务委员会决定把地学系分建为地理系和地质系,地理系设地理和气象两个组(专业),地质系设地质和矿物两个组(专业)。全国第一个气象学组(专业)在中央大学成立,第二个气象学组(专业)是于1935年在清华大学地学系建立的。清华大学地学系的气象学课程于1929年由黄厦千首次开设。中央大学地理学系刚成立时隶属于文学院,次年即改属理学院。首任地理学系主任为胡焕庸,他曾先后讲授地学通论、气候学、世界气候、欧洲自然地理、亚洲自然地理等课,气象学课由沈思屿任教。地理学系第一届毕业生(1931年)有朱炳海、杨昌业、徐近之等人。朱炳海和徐近之毕业后都曾到气象研究所工作过。1935年5月,徐近之被派往拉萨古弟巴建立拉萨测候所,开创了我国青藏高原气象测候的新纪元。1936年,竺可桢被任命为国立浙江大学校长,同年沈思屿调往浙江大学,朱炳海受聘到中央大学地理学系教授气象学。

1937年抗日战争爆发,中央大学西迁至重庆沙坪坝。1939年,黄厦千自美返国,受聘来中央大学执教,先后曾讲授气象观测、天气预报、高空探测、航空气象等课。朱炳海曾讲授气象学、理论气象等课,他编写的《普通气象学》讲义后来在1946年由商务印书馆出版,是国内出版的第一本气象学教科书。胡焕庸编写的《气候学》也在1940年问世(香港出版),为国内出版的第一部气候学教材。1941年10月中央气象局成立,首任局长为黄厦千。当时中央气象局办公场地也在重庆沙坪坝,与中央大学相邻,黄厦千仍兼任中央大学地理学系教授。1943年黄厦千离开中央气象局并回中央大学任教。同年学校又聘请原浙江大学教授涂长望来中央大学地理学系,他曾先后讲授中国气候、动力气象、长期天气预报等课。

气象学组(专业)成立后,大学开始逐步扩大招生规模,学生除必修高等数学、普通物理及气象方面课程外,可以任选其他各系的课,鼓励多选数学、物理课,也可选地理方面的课。

中央大学地理学系培养出的气象方向毕业生,在 1931 — 1940 年有朱炳海、杨昌业、徐近之、易明晖、卢鋈、王炳庭、薛继动、周淑贞、徐尔灏、王庭芳等 13 人。1941 — 1943 年有冯秀藻、朱岗、叶桂馨、丘万镇、顾震潮、陶诗言、黄士松、陈其恭、吴伯雄、盛承禹、牛天任、吴和赓、陶永昕、徐应景、唐永銮、高由禧、张丙辰、张鸿材等 22 人。

四、建立中国第一个气象学系

气象对工农业生产、航运交通及军事活动意义重大,特别是时值二次世界大战,部队(尤其是空军)需要大量气象人员,欧美各国在一些著名大学先后都新建或加强气象学系,以加速培养气象人才。我国于 1944 年 8 月在中央大学建立了全国第一个气象学系,首任系主任为黄厦千。

1936 年 4 月竺可桢被任命为国立浙江大学校长,气象研究所所长虽仍由竺可桢兼任,但设一代理所长处理日常事务,代理所长先是吕炯,1943 年吕炯接任中央气象局局长后由赵九章担任(后为正式所长)。当时中央气象局在重庆沙坪坝,气象研究所在重庆北碚。中央大学在 1944 年随即聘请吕炯和赵九章兼任气象学系教授。吕炯曾开设海洋学、古气候学等课,赵九章曾讲授动力气象学、大气物理等课。气象学系成立后,针对学生的培养计划逐步进行调整,除增设气象方面的课程外,增加数学、物理学方面的必修课,以加强学生的数理基础。例如微分方程、理论力学、热学与热力学、电磁学等先前均为选修课,后逐步改为必修课。

1945 年抗日战争胜利,1946 年中央大学迁回南京,中央气象局及国立中央研究院气象研究所亦先后搬回南京。此时中央大学气象学系有教授黄厦千、涂长望、朱炳海三人,兼职教授赵九章、吕炯二人,他们都是国内气象界著名的学者,是中国近、现代气象科学的开创人。另外,还有讲师吴和赓、牛天任二人,分别开设气象学、气象观测、天文地理等课。1948 年徐尔灏自英返国受聘来中央大学气象学系任副教授,曾先后开设动力气象学、气象统计等课。同时又曾聘请当时在国民党空军气象部门工作的薛继动担任天气图分析的教学工作,1949 年又聘请了卢鋈、陶诗言开设中国天气、天气学课。在那时,中央大学气象学系师资阵容强大,开出的课程甚是齐全,国内无匹,国际上也少见。

1949 年 4 月 24 日南京解放,8 月 8 日国立中央大学改名为国立南京大学,涂长望旋即被任命为气象学系系主任。同年 12 月涂长望又奉调赴北京任中央人民政府军事委员会气象局(1953 年改为中央气象局,隶属于国务院)局长一职。南京大学气象学系系主任由朱炳海接任。1949 年上半年,南京大学气象学系在校学生有 32 人。

1945—1949 年,中央大学气象学系毕业生有王鹏飞、方烨、蒋飞、王世平、朱抱真、汪正则、施尚文、泮菊芳,王余初、章震越、郭文烁、张裕华、樊平、江广垣、王鼎新、易仕明、支经光等 29 人(内有 5 人为由清华大学转来借读毕业的)。

故 1930—1949 年,中央大学为国家培养出的气象人才共有 73 人,人数之多,居全国各校之首,对中国气象事业的创建和发展做出的贡献是巨大的。

案例二

兰州大学大气科学学院

兰州大学大气科学学院的前身是 1958 年成立的气象学教研组。1971 年,兰州大学正式创办气象学专业,丑纪范教授担任教研室主任。1987 年,兰州大学成立大气科学系。2004 年 6 月,根据国家气象事业发展人才培养的需要,为推动学校大气科学学科的更快发展,兰州大学成立了我国高校中的第一个大气科学学院,丑纪范院士任名誉院长,黄建平教授为第一任院长。

兰州大学大气科学学院 1978 年获得我国首批硕士学位授予权,1986 年获博士学位授予权,是我国西部地区唯一的多层次气象学教学与科研人才培养基地,是甘肃省首批批准的重点学科,也是兰州大学大气科学一级学科博士学位授权点的主要组成部分。

大气科学学科点具有国务院学位委员会批准的大气科学一级学科博士学位授予权,下设气象学、大气物理学与大气环境、气候学 3 个二级学科博士点,气象学、大气物理学与大气环境、应用气象学、气候学 4 个二级学科硕士点。现有 1 个大气科学博士后科研流动站、1 个大气物理与大气环境国家重点培育学科、1 个甘肃省一级重点学科、1 个大气科学国家高等学校特色专业建设点、1 个大气科学省部科学研究与人才培养基地。

截至 2019 年 5 月,兰州大学大气科学学院共有教职工 79 人,其中教学科研人员55 人,包含教授 23 人,副教授 19 人,讲师 13 人,教授级高级工程师 2 人,高级工程师 4 人,工程师 6 人,中国科学院院士 1 人。共有博士生导师 17 人,硕士生导师40 人。

第三章　科学研究在大气科学
人才成长中的地位

第一节　科学研究的部分规律和特点

科学研究的灵魂是创新,故创新的部分规律也是科学研究的规律。尊重科学研究规律和特点,才能更有效地开展科学研究。

一、走历史必由之路

正如人类的工业革命和科技革命,代表了人类进步的发展方向,当今数字经济正在扑面而来,我们只有走历史必由之路,才能跟上时代引领时代。

国家需求是"历史必由之路"的一种重要表现形式。党和政府要求广大科技工作者做到"四个面向"(面向世界科技前沿,面向经济主战场,面向国家重大需求,面向人民生命健康),不断向科学技术广度和深度进军,并要求把原始创新能力提升摆在更加突出的位置,努力实现更多"从 0 到 1"的突破和关键核心技术的掌握。这是新时代的"历史必由之路",我们只有顺势而为才能大有作为。有条件的在校大学生要积极投身科学研究活动,特别是基础研究活动,为"国之大者"多做贡献。

二、科研与人才紧密联系

科研是高智力成果,创新驱动实质上是人才驱动,而人才的根本属性是创造性,故人才与创新的关系是很紧密的。

要获得更多的科研成果,必须把人才作为第一资源,更加注重培养和提高人才的创新能力,并充分调动人才从事科研工作特别是基础研究工作的积极性和创造性,着力破除一切创新的障碍。

基础研究人才成长有两个典型特点,一是需要持久专注某一学科,潜心钻研,形成深厚的知识积淀;二是探索性强,研究成果和进展往往难以预测。同时,基础性研究出路相对较窄、个人经济回报相对不高,而从事基础研究的人才又必须具有高素质,且比较稳定。

三、先继承后创新

任何创新都要在前人所创造的成果的基础上再前进。"先继承"包括尊重和遵守现有的各项规章制度和纪律。

科研之前必须首先了解和继承前人所创造的有关知识成果,继承就是学习,模仿也是创新的基础和捷径。正如牛顿所言:"如果说我比别人看得更远些,那是因为我站在了巨人的肩上。"在牛顿发现万有引力定律之前,开普勒、伽利略等科学家已经发现了行星运行的一些规律。当然,这个继承前人的时间不能太长,同时,前人所创造的知识如浩瀚的大海,继承应该是有目标的继承,处理好"博"与"专"关系的继承。继承是"扬其精华弃其糟粕"的继承,是批判的继承,比如对中华民族优秀文化的继承,对资本主义以至人类历史所创造的一切文明成果包括大气科学的继承等。继承的目的也是为了创造,"守正创新"也包含了这个意思。

四、创新是创意加上有效行动的结果

科研主要是本学科探索未知领域广度和深度的不断深化,不仅是提出问题,也要分析问题和解决问题。至于如何解决问题,科研首先要有解决问题的思路,要敢想。科研创意应该是新颖独特、与众不同并超前的理念,同时,在众多创意中要选择最佳的创意。有了解决问题的创意,还要通过切实行动,才能使问题最终得到解决。中山大学现任校长高松院士也明确提出培养学习力、思想力和行动力相统一的创新型复合型人才。

五、不满往往是创新的起点

鲁迅有句名言:"不满是向上的车轮"。疑问、不满、问题都是研究的起点。只有发现问题、提出问题,才有可能开辟新的研究领域,做出创新。是否具有问题导向意识,能否养成好问的习惯,是能否产生创新思维、做出创新成果的重要前提。

2019年年底出现并迅速在全球蔓延的新冠疫情,对人类所造成的损失之大,值得人类深刻反思,同时它也催生了许多创新成果,如中国的抗疫精神、中西医更紧密结合和有关疫苗的很快问世等。钟南山院士殷切希望当代青年医务工作者要学会"不满足",不断找出新的诊断方法和新的治疗方法,不断推动中国医学向前发展。"永不满足"往往就是创新的起点和源泉。

问题来源十分广泛,如与世界先进水平的差距,国家战略需求,对某些未知领域的好奇心,工作中存在的问题特别是瓶颈问题,客户的反馈意见,市场的需求等。

美国陆军曾提出过"5W1H法",就是通过连续提出为什么(why),是什么(what),何人(who),何时(when),何地(where),如何(how)6个问题,明确需要探索和创新的范围,设法找到满足条件的答案,最终获得创新方案的创新技法。此法广泛应用于改进工作、改善管理、技术开发、价值分析等方面。

六、创新机遇往往出现在日常平凡和细节里

工作中创新无处不在,创新者能在平凡中看到不平凡,从细节中找到创新的机遇。伦琴发现了X射线,得益于他的细心;袁隆平带领水稻育种团队找到"野败"水稻,为培育超级稻奠定了重要基础,得益于他敏锐的观察能力。细节常常隐藏在小事之中,不容易被常人所发现。敏锐地发现常人没有注意到或未予以重视的某个领域中的空白、冷门或薄弱环节,改变定势思维,就可以找到实现创新的突破口。"只有落后的思维,没有平凡的岗位",只要用心去工作,善于从细节上寻找创新之路,行行都可以出状元,每个岗位都可能有创新。

七、创新与利益相辅相成规律

大多数人奋斗的主要动力来自物质和精神两方面。物质方面主要有利益和财富,是追求更美好的生活,精神方面主要有好奇心、兴趣、价值观、理想和荣誉等,是追求国家富强和个人价值实现等,物质和精神的动力缺一不可。只要创新可以给人们带来这些,人们就可以为创新不懈奋斗,成功都是统一在物质和精神的满足上。

改革开放以来,通过承认个人利益,尊重个人利益,保护个人利益,发展个人利益,正确处理好"大河"和"小溪"的关系,鼓励每个劳动者通过自己的诚实劳动和智慧尽快增加收入,有效调动了广大劳动者的工作积极性,使我国生产力得到了空前解放和发展。实践充分说明,人才的价值越被尊重,人才的潜能就越能得到释放。作为人才个体,不能将个人待遇作为人生事业的唯一指挥棒,但用人单位和社会机构,要将薪酬待遇问题作为引进人才、留住人才的主要因素之一,切实尊重人才的价值和贡献。

"利益"既有物质的,也有精神的。对于我国这样一个长期处于社会主义初级阶段的大国,在一定的物质鼓励的同时,大力提倡乐于奉献、永远奋斗的精神,也是很有必要的。党和国家先后设立的"国家最高科学技术奖""国家勋章"和"国家荣誉称号"等奖项,对于激励中国人民以英雄模范人物为榜样不懈奋斗,起着非常重要的引领作用。

八、各类智力成果和生产力发展要实现良性循环

科研不仅要有发现、发明和创造,还要强化科技同经济的对接、创新成果同产业

的对接、创新项目同现实生产力的对接、研发人员创新劳动同其利益收入的对接,从而增强科技进步对经济发展的贡献度。基础研究、应用研究和开发研究与先进生产力发展之间要尽量实现良性循环,让创新真正落实到创造新的经济增长点上,把创新成果变成实实在在的产业活动,实现科技创新和产业创新的统一,让智力成果促进收入的更快提高和财富的更快增长。故创新坚持需求导向和问题导向,进而紧扣经济社会发展重大需求就显得十分重要。

基础研究往往是纯科学的,其成果更多的是对客观世界有关领域基本规律的发现和不断深化,我们不可能要求基础研究的成果都能转化为生产力,但科学毕竟是技术之源,基础研究是应用研究和开发研究之基。没有电磁学理论的突破,不会有电力、无线电等产业的发展。例如,美国硅谷在集成电路方面领先全球,正是因其半导体等学科走在世界前列。

要实现智力成果和生产力发展的良性循环,需要"两手抓",一方面要千方百计促进智力成果特别是高水平高价值高效益智力成果的高产出,另一方面也要促进这些智力成果尽快形成产业化,仅智力成果产业化就需要知识产权、资金扶持、产业孵化等条件,企业成长还要通过初创期、成长期和成熟期几个阶段,目前这些方面的工作都还有很多问题需要解决。但"攻城不怕坚,攻书莫畏难",努力"疏通基础研究、应用研究和产业化双向链接的快车道"是历史赋予我们的紧迫任务。

九、尊重知识产权

知识产权是智力劳动产生的成果所有权,它是依照各国法律赋予符合条件的著作者以及发明者或成果拥有者在一定期限内享有的独占权利,一般只在有限时间内有效。各种智力创造比如发明、文学和艺术作品,以及在商业中使用的标志、名称、图像以及外观设计,都可被认为是某一个人或组织所拥有的知识产权。其实质是将智力成果看作财产。

知识产权已经成为一个国家、一个企业、一个人核心竞争力的重要内容。爱迪生不是第一个发明电灯的人,但他是第一个享有电灯专利并形成产业的人,莫尔斯也是发明了电报并有了专利权后,财富才大增。我国药学家屠呦呦是第一个发现青蒿素对于治疗疟疾有明显作用的人,但初期由于没有注意到知识产权保护问题,中国在青蒿素技术专利上吃了一些亏。

当今时代,甚至有"一流企业卖标准,二流企业卖品牌,三流企业卖产品,以及"技术专利化,专利标准化,标准国际化"的说法。就像处在改革开放前沿的深圳人认为的那样,"创新加法治"才是长效发展之路,尊重知识产权,聚焦知识产权,并充分利用知识产权,我们在实现中国式现代化的过程中才能取得事半功倍的效果。

十、在开放交流中创新

创新就是进步，就是与时俱进，甚至就是领先，而只有在开放的环境下加强交流才有利于创新。爱因斯坦能创立狭义相对论和广义相对论，我们分析他的成长过程，可以发现，他经常与朋友进行学术交流，这是一个有利于他创新的重要因素。马克思主义不是诞生在中国，但中国共产党人引进并将其与本国的实际相结合，使中国大地发生了翻天覆地的变化。铁路不是中国人发明的，但詹天佑将其引进到中国来，建设了第一条由中国人自己设计的铁路。耗资上千亿人民币的港珠澳大桥的建设，也是吸收了很多国家在桥梁、海底隧道建设等方面的长处，在这基础上再创新，这样的过程使我们少走了很多弯路。华为集团的发展也是如此，外国的先进技术有的先"拿来"，在此基础上再创新发展。多了解国际上各行各业创新的新趋势，我们才能取得事半功倍的创新效果。对一些关键核心技术，我们也要坚持自力更生和对外交流相结合。

永远在开放中学习，在学习中创新，中国才能永不落后，永远走在时代的前列。

十一、既异想天开又实事求是

中国科学院原院长郭沫若曾提出"既要异想天开，又要实事求是"的重要思想，这是科研的重要规律。任何创新都是"创意"和"落地"的统一，创意需要异想天开，需要与众不同、独辟蹊径、出奇制胜，需要灵感等创新性思维，但只有解决问题、产生新价值的创新才是真正的创新。不能自以为是地认为只要"不按常理出牌"就是创新，最终还是要看成果。毛泽东同志曾尖锐指出：主观主义是共产党的大敌。基础研究等领域的科技工作者所倡导的"自由畅想，大胆假设，认真求证"与"既要异想天开，又要实事求是"这个规律所体现的思想是近似的，所以创新一定要坚持思维的新颖性和成果的可行性的统一。

第二节　大气科学部分重要科学研究领域

一、国家科研重点领域

1. 加强天气机理、气候规律、气候变化、气象灾害发生机理和地球系统多圈层相互作用等基础研究。

2. 强化地球系统数值预报模式、灾害性天气预报、气候变化、人工影响天气、气象装备等领域的科学研究和技术攻关。

3. 开展暴雨、强对流天气、季风、台风、青藏高原和海洋等大气科学试验,加强人工智能、大数据、量子计算与气象深度融合应用。

4. 推动国际气象科技深度合作、探索牵头组织地球系统、气候变化等领域国际大科学计划和大科学工程。

二、其他基础理论研究

主要包括:气候系统动力学、全球变化和地球气候模型、中小尺度大气环流动力学、大气环境与边界层物理、中层大气与大气探测、自然控制论和地球流体非线性动力学、季风和大气环流、中长尺度气象学、积云动力学、大气化学、边界层动力学、大气遥感、社会可持续发展和环境与生态研究、防灾减灾研究、遥感技术集成及其信息综合利用。

三、大气科学基础和应用理论发展趋势与特点

1. 大气、海洋、陆地、地球生物过程,地球化学过程等子系统之间相互作用的动力学以及它们的数值模式。

2. 发展全球气候系统的观测系统。

3. 关注气候环境。

4. 气候变化的控制以及有关环境的保护、改造工程,即自然控制论。

四、区域大气科学研究

如"一带一路"部分国家大气科学合作研究、粤港澳大湾区重大灾害性天气研究、南海气象研究、广东省广州市气象研究等。

五、加强气象基础能力建设的研究

包括如何建设精密气象监测系统,如何构建精准气象预报系统,如何发展精细气象服务系统,如何打造气象信息支撑系统,如何筑牢气象防灾减灾第一道防线,提高气象灾害监测预报预警能力等。

六、积极发展涉气象的高新技术

如超级计算机、数字化气象技术、机器人、ChatGPT 等人工智能技术以及多行业

的关键核心技术在气象领域的应用等。

中国科学院大气物理研究所开展的"北半球冬季西太平洋型遥相关变率的年代际变化特征和机制""利用全球 25 千米超高分辨率气溶胶—气候耦合模式（CAS FGOALS-f3-H）开展气溶胶及其直接辐射效应研究""雷电中反冲先导的爆发增长及后向击穿效应""海温—表面湍流热通量关系的季节性和时间尺度依赖性""动态多箱大气环境容量监测技术与新算法""冷激量与内蒙古草地返青期有效预测变量之间关系""三类正印度洋偶极子及其与南亚夏季风之间的关系""内部变率不确定性对全球季风预估的影响""新一代全球高精度大气化学模式研制""国家大气污染防治攻关""大气气溶胶及水色高精度卫星遥感"等方面的研究,体现了我国大气科学研究主力军这段时期在这方面的努力。

第三节　努力争取更多的科学研究机会

努力争取更多的科学研究机会,是早日做出更多更大科技创新成果的主要途径。有条件的科研团队要尽量争取国际合作项目、国家级或省市级科研项目。教育部要求各地各校要加强有组织的科研,依托全国高校黄大年式教师团队,支持和引导团队创新科学范式、组织模式和科研方法,坚持"四个面向",大力弘扬科学家精神,大力开展重大基础性研究、原创性研究、前沿交叉研究,打造战略科学家、学术领军人才和高水平创新团队,推动建设世界重要人才中心和创新高地,支撑高水平科技自立自强,更好地服务国家使命。中山大学大气科学学院有关团队 2022 年 2 月就成功入选第二批全国高校黄大年式教师团队。

大项目、大平台是出大成果、出科学大师的主要渠道,如费米与"曼哈顿工程"、赵九章、陶诗言等科学家与"两弹一星"项目等。但争取不到这样的大项目、大平台,也没关系,"天无绝人之路",路往往就在脚下。每个行业每个单位每个部门都极有可能存在这样那样亟待提高的问题,值得每个人去钻研去提高。"大国工匠"就是成才在岗位上,成才在自己擅长的领域,只要肯钻研,确实行行可以出"状元"。中国科学院院士高由禧是 1939—1944 年在重庆中央大学地理系气象专业毕业的本科生,与许多院士级人才相比,似乎实力不够"雄厚",但他 1972 年就开始从事对青藏高原的气象研究这一我国气象研究领域的薄弱环节,在这方面颇有成果,提出了青藏高原及邻近地区是全球大气变化的敏感区、能汇区、启动区和扰动区,并在季风和中国气候方面有突出成果,从而在特色领域研究方面胜人一筹。钟南山院士所在的广州医科大学,原先仅仅是一所一般的地方医学院,实力远没有北京协和医院、上海第一医科大学等医科名校强,很难争取到国家重大科研项目,但他们持续抓住呼吸疾病的防治这个方向进行深入钻研并取得不少成果,在"非典"和"新冠"两次疫情中做出了自己的贡献,成为国内外著名的医科大学,也承担了越来越多的国家级科研项目。

所以,在科研的道路上,要主动作为,主动找课题进行攻关,特别是争取大课题进行研究,主动发现社会上大气科学研究的一些薄弱环节,在从事各类科研工作的同时,促进高水平人才更快成长。

案例一

第一个拉响全球变暖警报的科学家

詹姆斯·汉森是美国著名气候学家,他从1981年起担任美国航天局戈达德航天研究所所长。1988年6月,汉森前往美国国会参加一个跟气候有关的听证会,他指出,燃烧化石燃料等人类活动所导致的温室气体效应已经形成,可能导致全球变暖,成为最先敲响全球变暖警钟的科学家。由于媒体的广泛报道,汉森的证词引发了对于气候变化的全球性关注,他也因此被尊称为"全球变暖研究之父"。

一直以来,汉森都是全球最有影响力的气候学家之一,但同时也是最"幼稚"莽撞的一位。他批评美国政府,痛骂煤炭和石油公司,反对碳交易,为此遭到环保者同行的疏远、学界的排挤、美国航空航天局(NASA)的封杀、美国政府的孤立甚至警察的逮捕。然而,汉森始终认为,科学家不是一部客观的事实机器,在关键时刻说出自己的政治主张是一名科学家的责任。

汉森说:"如果全球温度再升高2~3℃,我们会看到这些变化将把我们所熟知的地球变成一个不同的星球。上一次地球出现这样的温度是在300万年前,当时的海平面比现在高出25米。"

汉森从来都不是喜欢抛头露面的人。他在民风保守的美国中部长大,从小性格腼腆,即便是在20世纪60年代反越战游行席卷美国大学校园时,他也像书呆子般两耳不闻窗外事,一心扑在研究上,可以说,汉森成为环保斗士实在是被逼出来的。尽管自1988年起,他的研究引起了全球性关注,但他却无意成为"环保斗士"。他觉得事实本身就可以说话,而且希望口才更好的人接过这面大旗,而他则重返实验室,继续埋头科学研究。

2009年,詹姆斯·汉森被授予由美国气象学会颁发的罗斯贝研究奖章这一最高荣誉。

詹姆斯·汉森关于气候变暖危害等学术思想详见他的专著《环境风暴》等。

案例二

多学科融合的杰出成果

阿尔弗雷德·魏格纳(1880—1930)是德国地质学家、气象学家,毕业于柏林的洪堡大学。他起初研究天文学和气象学,在气象方面也主要研究大气热力学和古气象学,曾在航空气象台和汉堡海洋气象台工作,并参加过丹麦等国组织的多个探险队,先后担任过汉堡大学教授和格拉茨大学教授,在第一次世界大战时曾参军并两度负伤。

魏格纳的主要成就是在 1912 年(32 岁)提出了关于地壳运动和大洋大洲分布的假说——"大陆漂移说",并于 1915 年出版《大陆与大洋的起源》一书。

魏格纳提出这一假说经历了早期预测、产生想法、验证假设和正式提出等几个阶段。

一、早期预测

早在 1620 年,英国的哲学家、政治家弗朗西斯·培根就在地图上观察到,南美洲东岸和非洲西岸可以很完美地衔接在一起。虽然培根喊出过著名的谚语"知识就是力量",但他不是真正的科学家,他只是将自己关于两块大陆可能曾经相连的想法说了出来,而没有去寻找证据来证实这一想法。在培根之前的人们没有想到这一点是情有可原的,因为哥伦布在 1492 年才发现了美洲大陆,当时的地图错误百出,到了培根的时代,大西洋两岸的海岸线才绘制得像模像样。但是培根之后将近 300 年的时间里,竟然没有一个科学家认真思考过,为什么大洋两岸的陆地竟可以严丝合缝地拼在一起,最终历史将荣誉授予了一位德国人。

二、产生想法

1910 年的一天,30 岁的魏格纳身体欠佳躺在病床上,无聊之中他的目光落在墙上的一幅世界地图上,他意外地发现,大西洋两岸的轮廓竟是如此相对应,特别是巴西东端的直角突出部分与非洲西岸凹入大陆的几内亚湾非常吻合。自此往南,巴西海岸每一个突出部分,恰好对应非洲西岸同样形状的海湾;相反,巴西海岸每一个海湾,在非洲西岸就有一个突出部分与之对应。这难道是偶然的巧合?这位青年学者的脑海里突然掠过这样一个念头:非洲大陆与南美洲大陆是不是曾经贴合在一起?也就是说,是否从前它们之间没有大西洋,由于地球自转的分力使原始大陆分裂、漂移,才形成如今的海陆分布情况的呢?

三、验证假设

第二年,魏格纳开始搜集资料,验证自己的设想。他首先追踪了大西洋两岸的山系和地层,结果令人振奋:北美洲纽芬兰一带的褶皱山系与欧洲北部的斯堪的纳维亚半岛的褶皱山系遥相呼应,暗示了北美洲与欧洲以前曾经"亲密接触";美国阿巴拉契亚山的褶皱带,其东北端没入大西洋,延至对岸,在英国西部和中欧一带复又出现;非洲西部的古老岩石分布区(老于 20 亿年)可以与巴西的古老岩石区相衔接,而且二者之间的岩石结构、构造也彼此吻合;与非洲南端的开普勒山脉的地层相对应的,是南美的阿根廷首都布宜诺斯艾利斯附近的山脉中的岩石。

对此,魏格纳作了一个很浅显的比喻,他说,如果两片撕碎了的报纸按其参差的毛边可以拼接起来,且其上的印刷文字也可以相互连接,我们就不得不承认,这两片破报纸是由完整的一张撕开得来的。除了大西洋两岸的证据,魏格纳甚至在非洲和印度、澳大利亚等大陆之间,也发现有地层构造之间的联系,而这种联系都限于中生代之前即 2.5 亿年以前的地层和构造。看来,他所说的报纸的版面规模巨大。

沉浸在喜悦中的魏格纳又考察了岩石中的动物和植物化石。在他之前,古生物学家就已发现,在目前远隔重洋的一些大陆之间,古生物面貌有着密切的亲缘关系。许多新发现均有力支持了他的假设。

证据似乎已经很充分了。在严谨的科学研究的基础上,魏格纳的代表作《海陆的起源》于 1915 年问世了。在这本书里,魏格纳阐述了古代大陆原来是联合在一起、而后由于大陆漂移而分开,分开的大陆之间出现了海洋的观点。魏格纳认为,大陆由较轻的含硅铝质的岩石如玄武岩组成,它们像一座座块状冰山一样,漂浮在较重的含硅镁质的岩石如花岗岩之上(洋底就是由硅镁质组成的),并在其上发生漂移。在二叠纪时,全球只有一个巨大的陆地,他称之为泛大陆(或联合古陆)。风平浪静的二叠纪过后,风起云涌的中生代开始了,泛大陆首先一分为二,形成北方的劳亚大陆和南方的冈瓦纳大陆,并逐步分裂成几块小一点的陆地,四散漂移,有的陆地又重新拼合,最后形成了今天的海陆格局。

四、震撼科学界

魏格纳这一“石破天惊”的观点立刻震撼了当时的科学界,招致的攻击远远大于支持。一方面这个假说涉及的问题太宏大了,如若成立,整个地球科学的理论就要重写,必须要有足够的证据,假说的每个环节都要经得起检验;另一方面,魏格纳在大学中获得的是天文学博士学位,主要研究气象,他并非地质学家、地球物理学家或古生物学家,在不是自己的研究领域发表看法,人们对其假说的科学性难免会产生怀疑。魏格纳理论最主要的弱点是没有解释:巨大的大陆是在什么物质基础上漂移的?其合理动力机制来自哪里?他的学说一经提出,就遭到许多嘲笑和攻击,备受冷遇。魏格纳去世 30 年后,板块构造学说席卷全球,人们终于承认了大陆漂移学说的正确性。

魏格纳在《大陆和海洋的形成》这部不朽的著作中努力恢复地球物理、地理学、气象学及地质学之间的联系——这种联系因各学科的专门化发展被割断——用综合的方法来论证大陆漂移。

魏格纳的经历再次表明,在人类进步史上,当人们往往习惯用流行的理论解释事实时,只有少数杰出的人有勇气打破旧框架提出新理论。而一种正确的理论在其初期阶段常常被当作错误抛弃,或是被当作与宗教对立的观点被否定,魏格纳的学说成了超越时代的理念。

第四章　学科发展是大气科学
人才培养的主要依托

学科发展是大气科学人才培养的主要依托,要培养杰出大气科学人才,就一定要有一流学科。而要将一流学科建设好,应对学科的基本知识有所了解。

第一节　学科发展的基本知识

一、学科的定义

学科一般是指在整个科学体系中学术相对独立,理论相对完整的科学分支,它既是学术分类的名称,又是大学教学科目设置的基础。

简言之,比较系统的知识体系就是学科。知识主要靠科学研究去探索,靠理论与实际紧密结合去发展,这些都要靠学科建设来完成。故学科建设对于知识创新具有重要意义。

二、学科的层次、类别和特点

(一)层次

学科犹如植物的树根,有主根、有次根。一级学科是主根;二、三级学科是在主根的基础上发展起来的。我国高等院校研究生教育专业设置按学科门类、学科大类(一级学科)、专业(二级学科)三个层次来设置。

(二)类别

1. 按知识门类和专业划分

目前人类所有的知识划分为五大门类:自然科学、农业科学、医药科学、工程与技术科学、人文与社会科学。其中学科门类从 2011 年以后划分哲学、经济学、法学、教育学、文学、历史学、理学、工学、农学、医学、军事学、管理学、艺术学 13 个门类。这些门类下设一级学科 110 个和若干个二级学科。如"理学"大学科门类下设数学、物理学、化学、气象学等 12 个一级学科;数学一级学科下设基础数学、计算数学等 5 个二级学科。某高校博士硕士学位授予点数就是其二级学科数。另外,由国家科委和技术监督局联合制定的国家标准学科也有 5 个门类,即:

(1)自然科学;

(2)农业科学;

(3)医药科学;

(4)工程与技术科学;

(5)人文与社会科学。

在这 5 个门类学科中,有 58 个一级学科、573 个二级学科、近 6000 个三级学科。

2. 按学科性质划分

(1)基础学科;

(2)应用学科;

(3)新兴学科;

(4)交叉学科。

3. 按学科层次划分

(1)国际顶尖学科;

(2)国际优势学科;

(3)国内顶尖学科;

(4)国内优势学科;

(5)一般学科。

4. 按行政管辖层次来分

(1)国家重点学科;

(2)省市重点学科;

(3)校(所)重点学科;

(4)非重点学科。

5. 按科学理论成熟度来划分

(1)权威部门认可的学科;

(2)权威部门暂无认可的学科。

(三)特点

学科主要由大学和科研单位所传承和发展,但学科发展不是闭门造车,而应是密切关注时代需求,心怀"国之大者",产学研密切结合,理论和实践相互促进。如第二次世界大战明显促进了物理学、化学、大气科学、电子学、计算机等学科的发展;第四次工业革命明显促进了数字经济的发展,也有力促进了半导体、集成电路等学科的发展。

三、学科发展简史

学科即相对独立的系统的知识体系,学科发展是知识创新的主要内容,也是技术创新、制度创新和高科技产业等的基础和先导,"研究和开发"又处在创新链的前端。人类认识世界的广度和深度的一切积极成果即人类符合客观规律的真理性认识都是学科发展的内容。

学科的发展来源于人类的生活和生产等活动,与人类的生存和发展息息相关,如农学、工学、天文学、军事学、数学、医学、教育学、哲学等,这些都是最古老的学科。学科是大学的基础,先有学科后有大学,大学诞生后又极大促进了学科的发展。最早的大学——博洛尼亚大学 1088 年诞生在意大利,该大学最早的学科是法律和医学。随着学科的发展,一些学科又从"母"学科中分离出来独立发展,如气象学、地质学、环境学是由地理学或地球物理等学科分离出来的,物理学、化学是由自然哲学独立出来的,等等。每个学科的发展大概分为起源阶段、萌芽阶段、发展初期、快速发展阶段。每个阶段到下个阶段的转变都是由量变到质变的过程,并以一些突出成果或事件作为标志,这些突出成果的主要贡献者即为这些学科发展的关键点或里程碑事件。如法国著名化学家安托万·拉瓦锡被誉为"化学之父";经济学的诞生则是以英国经济学家亚当·斯密的专著《国富论》的问世为标志。对学科研究对象通过观察、实验、思考等多种形式,不断认识研究对象的本质和规律,是学科发展的主要形式。

主要从 17 世纪开始,英国、德国、法国等欧美多国为促进数学、物理、化学、生物、地理学、气象学、经济学、管理学等基础学科的诞生或快速发展做出了突出贡献。

四、学科创新

学科创新有两层意思。

一是从"0 到 1"。指通过创立某学科或首先提出新理论新学说,而在这方面处于领先地位。如姜立夫当年在南开大学建立了我国第一个数学系,被誉为"中国现代数学之父"。现代数学在国际上已经存在,但当时的中国还是空白,故姜立夫所做的工作就是学科创新。

二是从"1 到 N"。学科的任何进步和发展都可以视为学科创新,如某个定理的发现,某种理论的不断完善等。

学科创新的内容很广泛,主要包括:

1. 原有学科向纵向发展,如生物学从细胞生物学阶段发展到分子生物学阶段等。

2. 原有学科横向交叉发展,如生物学与化学的交叉产生了生物化学;卫星学与气象学相结合产生了人造卫星和空间科学等。

3. 原有学科因有新发现、新定律、新方法等增加了新内容。如医学、中医药学、公共卫生学等增加了新型冠状病毒感染肺炎的防控知识和有效治疗方法等。

4. 另辟蹊径,产生新学科。中国特色社会主义的成功必然会产生一系列与西方管理学、经济学不同的新学科,同样,发展大气科学也要贡献中国智慧。

只要人类认识客观世界的脚步永不停歇,学科发展就永无止境。

第二节　学科发展的部分规律

一、与时代需求息息相关

恩格斯有句名言:"社会一旦有技术上的需要,则这种需要就会比十所大学更能把科学推向前进"。学科的发源可能是某些人的兴趣、责任心、好奇心等所驱使,但要形成知识体系,如果没有政府的支持和更多有才干的人的参与是不可能的。而要得到政府的支持,该学科一定是能为政府分忧、协助政府解决问题的。如第二次世界大战期间美国参战前,美国气象学家卡尔·罗斯贝就已意识到在军队内培养大批天气预报员的重要性,因而提前培养了许多天气预报员。这些天气预报员果然在战争中特别是在诺曼底登陆等战役中发挥了重要作用,得到了政府的高度评价。战后美国气象学的发展自然得到了政府的大力支持。我国是严重自然灾害频发的国家,大气科学自然会得到党和政府的高度重视。2020 年年底在 200 多个国家蔓延的新冠疫情造成了严重经济损失和人员伤亡,引起了国家对生物安全和重大传染病风险防控的高度重视,这自然对医学、公共卫生学和生命科学等学科的发展是有力的促进。人类的发展迫切需要基础研究的发展,也迫切需要应用研究的进步。学科发展和经济发展也是相互影响相互促进的,许多学科的发展只有更好地面向国家发展战略和国民经济主战场,才能更好促进自身的发展。

二、学科发展关键是人才

学科的突破需要人才,学科的传承也需要人才。在学科的发展历史中,某些代表人物的贡献具有里程碑意义,如伽利略与近代物理、哥白尼与天文学、罗斯贝与大气科学、德鲁克与管理学、钟南山与冠状病毒传染病防控等。

人才与学科的关系是相互促进的辩证关系。

人才与学科相互促进是十分明显的。人才与学科的关系主要有：

（一）人才决定学科

人才决定学科。这主要有两层含义。

1. 学科靠人才发展

学科是人类长期探索真理和发展科学过程中积累起来的,学科发展的过程就是创新的过程,而创新驱动实质上就是人才驱动,没有人的主动探索和创造,就没有学科的产生和发展。无论发展什么学科,人的主动性、综合素质和学术积累是最重要的。不管是罗斯贝这样的外国知名学者,还是叶笃正、曾庆存这样的国内杰出气象学家,兴趣和责任都是引导他们走上科学成功道路的重要因素之一。

2. 没有人才就没有学科发展

如果没有蒋丙然、竺可桢等留学归国人员,我国的现代气象学不可能在 1911 年起步。南京信息工程大学的前身南京气象学院的诞生和发展,与竺可桢、涂长望、章基嘉、罗漠、朱和周、冯秀藻、王鹏飞、朱乾根和陈学溶等专家勇于开拓息息相关。

我们说世界一流大学有世界领先的学科,首先是指世界一流大学中有这些学科的世界一流大师和世界一流的实验室等;相反,有些高校由于人才流失的原因,原有的优势学科就有名无实。所以,从多方面意义上来说,是人才决定了学科的发展。

（二）学科决定人才

对于一所高校来说,由于资源有限,不可能发展所有的学科,只能重点发展某些相对更有优势、更有前途的学科。高校的教师是按学科来凝聚的,学科发展需要优秀学科带头人和相应的学科梯队,教师队伍必须优化。如果这个学科不是优秀学科或有发展前景的学科,也不是保留学科,这所高校就有可能淘汰这个学科,与此学科有关的人才就可能转行或调离。从这个意义上来说,又是学科决定人才。

（三）任务决定学科

任务即国家和时代急需。20 世纪 50 年代,当新中国决定要搞"两弹一星"国家重点工程的时候,有关学科得以很快建立并飞速发展,相关人才不够则千方百计引进和培养。1961 年,当国家决定在中山大学设立气象学科点时,中山大学这方面的人才不够,也是抓紧进行引进和培养,罗会邦、梁必琪、仲荣根、陈创买、林应河等就是当时在青年教师中抓紧培养后涌现出来的部分杰出人才。

（四）学科培养人才

作为高校,是按学科和专业来培养人才的,没有学科和专业就没有人才培养的具体实现载体,人才就难以体现其使用价值以满足社会需求,社会也难以实现"人尽其才"和确保就业率。

为了实现学科和人才的互动,作为人才本身,最好掌握有发展前途的学科系统知识,同时,善于通过自己的主观能动性去发展交叉学科和边缘学科等新兴学科,使自己所在的学科成为省内、国内甚至世界的优势学科、领先学科。这就意味着既要善于追赶和超越,也要善于"变道"。

作为高校,要正确把握学科发展趋势,并创造良好的生活条件、工作条件和学术氛围,使教师和科研人员都能在保持原有学科优势的同时,努力去发展新的学科。

从某种意义上说,学科的优势率和发展率是决定高校生存和发展的最重要也是最主要的因素,特色立校主要指优势学科立校。

高校要发展新兴学科和优势学科,必须将引进、培养、使用人才有机结合起来,特别要注意发挥人才的潜能和发现潜在的优势学科。

对于物理、化学、大气科学等实验科学来说,实验条件也十分重要。学科越向前发展,实验投入就越大,如大气科学的观测手段和"气象卫星"等。

学科的发展与科技发展趋势、社会需求等密切相关甚至相辅相成。社会需要会明显促进学科的发展,学科发展也会有力促进社会的向前发展。今天,面向国家重大需求是大学的重要任务,加强基础研究已成为我国科技能否自立自强的重大需求。对于符合社会急需的学科的发展,政府也会尽力从多方面给予大力支持,以促使这些学科更快发展。所以,高校发展学科,一定要注意学科预测,下好先手棋,打好主动仗。

世界一流大学的主要条件之一,就是要有世界领先的学科。由于学科发展是高校核心竞争力的主要内容,因此,建立科学完善的学科发展机制,对高校的发展关系重大。

三、创新在学科发展中具有关键地位

学科的发展历史就是不断探索真理、不断创新的历史。创新需要一定的条件,如测量仪器的进步等,但主要是研究者的主动钻研和创造性思维。为什么在大体同样的条件下,只有某人可以有这个成就?我们应主要从内因上去找原因,如其本人对该学科的强烈兴趣、教育环境、教师对某个受教育者的重要影响等。任何一个新学说、新理论的提出,往往都是研究者"长期积累,偶尔得之"的结果,即长期深入钻研、善于思考。客观规律深藏在客观事物现象的背后,需要我们透过现象看本质才能发现。

四、学科发展与教学和科研密切相关

没有科学研究就没有学科发展,也没有创新型人才的培养;没有一流的学科也培养不出一流人才。故大学一定要协调好教学、科研与创业的关系,实现科教融合、产教融合,以此来发展一流学科,并不断提高研究生教育质量,培养更优秀的人才。

为了加快提升学科建设水平,全面提高高层次人才自主培养质量,中山大学要求人文社会科学要坚持"出思想、出理论、出学派";理科要坚持"有重大科学发现与原创性突破";工科要坚持"关键核心与未来技术突破"和"做一流的工程实现";医科要坚持"临床导向"和"疾病导向";农学要"为国家粮食安全、食品安全作贡献";艺术要"以美育人",承担起艺术教育的发展责任等。这是学科发展和高层次人才培养相互促进的一个生动例子。

五、科学方法在学科发展中的重要作用

气象学从古希腊时代就已发源,但一直发展缓慢,并且往往以经验为主。直到17世纪左右,这一领域才有明显的突破,突破的主要标志是提高了天气预报的准确性,使气象学建立在科学的基础上。突破的主要原因,是挪威的 V. 皮叶克尼斯教授将自己原本的数学、物理学专长"移花接木"到气象学研究,从研究液体的流体力学转到研究当时还是"无人区"的气体的流体力学,从而有了多方面的发现并创立了"极锋学说"……创新学有这样的原理:不同的组合会产生新的发明。V. 皮叶克尼斯教授将数学、物理引入气象学研究,从而成为"近代气象学之父",这再次有力说明,学科要发展,改进科学方法和抓住主要矛盾很重要。

对学科进行分类管理、差异对待也是一种重要的方法。

六、学科的发展

任何学科的发展都是从简单到复杂、从定性到定量、从局部突破到形成系统的不断发展不断完善的过程,也是量变到质变的发展过程。故学科的发展一定要耐得寂寞,但也要只争朝夕、专心致志坚持钻研才能早日有所突破。牛顿发现万有引力定律是在英国暴发疫情时,牛顿在从剑桥大学休学回到家乡学习和思考的过程中奠定了重要基础;西南联合大学在抗日战争极端艰苦的条件下能相对专心发展学科、培养人才,从而为国家做出了突出贡献。新冠疫情期间,我国不少教育科技工作者坚持做到有效疫情防控和抓紧发展学科"两不误",从而在"逆境"中也做出了不少成绩。如中山大学在"十三五"时期实现了跨越式发展,并计划在"十四五"期间,不仅要努力提升理科,发展工科,而且要做强医科、做精文科,新增农艺,不断增强"造峰"能力,努力打造学科高峰。中山大学的学科发展是我国高校努力促进学科发展的一个缩影。

第三节　学科建设

一、学科建设的意义

学科是大学的细胞,大学实质上就是学科的综合体,一流大学的基础是一流学科,学科发展水平代表了人类认识世界广度深度的水平,对于人类的进步意义重大。人类如果不能正确地认识世界,就无法有效改造客观世界。多次工业革命源于英、美国家,世界的创新型国家相当部分为欧美国家,与众多著名大学诞生、发展在欧美国家有重要关系。高科技现代产业,如半导体、集成电路、互联网、人工智能等,哪样的发明创造都不能离开一定的学科基础。中国虽然教育的历史很悠久,以孔子为代表的众多古代教育家均有很精辟的教育思想,私塾、贡院以及中国文学等在世界历史上也有相当的地位,但许多学科特别是自然科学学科的发展,中国人确实是远远落后了,"四大发明"也是偏重于技术方面。由于科学理论的落后等多方面原因,最终导致了近代中国的百年屈辱……

当今世界,世界一流大学比较集中在欧美国家,创新型国家、人均国内生产总值最高的国家也比较集中在欧美,这不是偶然现象。"知识、技术与财富的统一"在这些国家中得到了很好的体现。在当今时代,财富更快增长的基础是学科发展。

大学的主要任务就是培养人才,培养人才主要以学科为依托,以专业为基础。要培养高水平的人才,就一定要有高水平的适应时代发展的学科。

学科发展,一靠人才,二靠社会需要,人才培养也是一种社会需要,三靠科学研究,没有科学研究,不能不断向某学科的广度和深度进军,就难以促进学科的发展。美国著名气象学家罗斯贝对"行星波"等的发现,均与科学研究手段的进步有关。

中国要为世界做出更大贡献,需要有若干所扎根中国大地的世界一流大学,世界一流大学的基础就是世界一流学科。故我们在学科发展方面应该继续急起直追,并勇于创新,争取早日创造更多的具有中国特色的国际一流学科,并尽量让更多的科研成果转化为现实生产力,这是早日实现中国梦的必由之路。

二、学科建设的基本标准

国家主管部门对学科建设有严格的标准,即学科包含三个要素:

1. 构成科学学术体系的各个分支;
2. 在一定研究领域积累的专门知识;

3. 具有从事科学研究工作的专门队伍和设施。

学科建设要处理好几个关系。

(一)学科和专业的关系

学科不等于专业。学科的含义有两个,第一个含义是作为知识体系的科目和分支。它与专业的区别在于它是偏就知识体系而言,而专业偏指社会职业的领域。因此,一个专业可能是多种学科的综合,而一个学科可在不同专业领域中应用。学科的第二个含义是高校教学、科研等的功能单位,是对教师教学、科研业务隶属范围的相对界定。学科建设中"学科"的含义偏指后者,但与第一个含义也有关联。

(二)分支和综合的关系

客观世界是一个整体,随着时代的发展,其对于复合型人才的需求越来越大。但如果没有处理好学科和专业的关系,高校中就容易出现分化大于综合的现象,造成学科之间各自独立分割,资源不能共享;在人才培养方面表现出过于专业化而知识面不宽;在科研方面也表现出研究方向过于狭窄而整体效益低下等。有的高校科研项目横向课题增多了,但科研力量相对分散乃至个体化,而大项目、高水平研究的实力、学科的总体优势却削弱了。因此,一些高校不得不通过改革强化大学科和学科群的建设。

(三)综合性和以特色取胜的关系

我国一些实力较强的研究型大学,有条件的多发展一些学科,提高综合性,只要有利于国家建设,有利于建设高水平大学,都无可厚非。如有的工科院校增设了理科学科和文科,有的高校甚至几乎囊括了哲学、经济学、法学、教育学、文学、历史学、理学、工学、农学、医学、军事学、管理学、艺术学这 13 门类的学科。但我国总体仍是一个追赶型国家,对于大多数高校来说,应该走特色取胜的道路,讲究有所为有所不为,"挖几口浅井不如挖一口深井",不能盲目地追求面面俱到。在战争年代,人民军队之所以能由弱到强,主要靠"集中力量打歼灭战""伤其十指不如断其一指"。华为集团 1987 年才以 2 万元在深圳起步,经过 30 年的奋斗走到了世界第一。他们的经验是"专注"在某个"狭窄"的领域,形成"高能"的"压强"而持续攻某个"城墙"的突破口。他们还认为,创新一定是在"主航道"上的创新。钟南山所在的广州医科大学,其前身为广州医学院,当时在国内是一所很一般的医学院。但他们坚持"特色立校",坚持将上呼吸道疾病的防治作为其优势,在 2003 年和 2020 年两次由"冠状病毒"引起的重大疫情中都作出了很大贡献,不仅如此,该校在"慢阻肺"研究和防治方面也颇有成绩。广州医科大学由此得到国家的高度重视,设立了多个国家重点学科点。

世界一流大学都有自己的特色和办学传统,从而确保学科是世界一流的。如美国斯坦福大学在其发展过程中,就曾将一所规模较小但享有很好声誉的建筑学院撤销了,理由是尽管这所学院排在全美建筑学院的前 10 位到前 12 位,但斯坦福大学的发展目标是所有的专业排名都居于前五位,在估算了这个学院成为该领域的领先学院的成本,以及使其跻身排名前五位的可能性后,斯坦福大学认为使该学院跻身前五位所付出的代价不值得。另外,距离该校一小时车程的加州大学伯克利分校,有一所非常出色的建筑学院,排名在全国第一或第二,斯坦福大学认为,在社会需求很有限的情况下,既然伯克利已经有一所很好的建筑学院,为什么我们还要勉强再建一所呢?我们应该把资源用在更需要的地方。

澳大利亚的悉尼大学、麦克利大学等,都坚持"一流学科"的发展目标,而要发展一流学科,必须将科研作为很重要的任务。有了"一流学科",不仅可以为本国提供优质服务,也会吸引许多国家的留学生,甚至将"教育出口"作为国家重要发展战略之一。

我们应该借鉴历史和国外先进国家的经验,加强学科建设,从国家的发展大局和自己的实际出发,坚持"特色立校",尽量做到"人无我有,人有我强"。不仅要有"高原",更要有"高峰"。

第四节　抓紧"双一流"建设

一、抓紧"双一流"建设

"双一流"建设即一流大学和一流学科建设。中山大学提出了世界一流大学"三个首先想到"的标准,即"国家首先想到、社会首先想到、学界首先想到"。一流学科简言之就是"五个一流"的标准,即"一流学术队伍、一流科研成果、一流学生质量、一流学术声誉,一流社会贡献",基础是一流学术队伍和一流科研成果。一流大学的基础是一流学科,拥有若干个一流学科就是一流大学。

中国从 2015 年开始在几所大学率先推进"双一流"建设,这对于我国早日实现中国梦具有十分重要的意义。这个"一流",首先是国内一流,其次是世界一流,是扎根中国大地的世界一流,具有中国特色的世界一流,在实现中国梦的过程中创造的世界一流,当然,也是国际同行认可的已达到世界领先水平的世界一流。"咬定青山不放松",中国在加快推进"双一流"建设方面采取了许多有力措施,有重点、有档次、分批地积极推进。北京大学、清华大学、浙江大学、复旦大学和中国科学院大学等大学的实力最强,它们将力争在 2050 年左右实现整体水平处于世界顶尖大学行列的目标。

二、积极发展新学科

习近平总书记在 2020 年 9 月 11 日举行的科学家座谈会上寄语广大科技工作者"要树立敢于创造的雄心壮志,敢于提出新理论、开辟新领域、探索新路径,在独创独有上下功夫。要多出高水平的原创成果,为不断丰富和发展科学体系做出贡献"。

学科建设是大学的基本任务之一,学科建设自然包括新学科发展。现有学科都是一代又一代中外学者长期积累和不断突破所形成的。由于历史原因,其中相当的比例是西方学者的贡献。中国的学者在创立学科方面的贡献仍偏少。如大气科学,从 19 世纪到今天,在国际上领先的还是挪威气象学派和美国芝加哥气象学派。"实现中华民族的伟大复兴",应该包括对学科发展的贡献率。我们在加快建设现有学科的同时,一定要敢于创立新学科。

进入 21 世纪以后,国家除了积极推动"双一流"建设,还提出了"面向世界科技前沿,面向经济主战场,面向国家重大需求,面向人民生命健康,不断向科学技术广度和深度进军"等指导思想和方针政策,这些都为发展新学科提供了历史机遇和很好的外部环境。最近,教育部又大力提倡积极发展新学科,要求要准确把握高等教育发展大势,超前识变,积极应变,主动求变。党的二十大也明确提出要开辟"新赛道",积极发展新学科就是开辟"新赛道",这是我国高等教育和学科发展在观念上的重要突破。

为了更有效促进大气科学等新学科的发展,笔者建议重点注意下面几点。

1. 营造良好的学科创新环境。发展新学科,即发展原创是中国人的学科,发展西方国家还没有的学科,要鼓励更多的有为青年从事科学研究,敢于冒险、敢于突破。

2. 发展新学科,一定要自信自立,不要认为创立新学科"高不可攀",或西方国家没有的我们就不能有等。早日起步,早日积累,并促进量变转化为质变。

3. 发展新学科,一定要注意其理论的系统性和科学性,基本理论、原理、定律必须经过实践检验。同时既可定性也可定量,其中定量可以是精确性的、可用数学公式计算的;也可以是概率性的、可用百分比表示的。

4. 讲究科学方法。创新有很多方法,不同组合就是其中之一。如辩证唯物主义是马克思吸收了黑格尔唯心辩证法的"合理内核"再加上费尔巴哈的唯物主义所形成的,在这基础上将其原理引入研究人类社会,从而创立了历史唯物主义并揭示了人类社会发展规律。这样的例子在自然科学就更多了,生物化学、中西医结合等都是。多学科的融合也是一种科学方法。法国总统马克龙 2023 年 4 月访问中山大学时,特别提到学科融合发展的问题,他说:"面对人类所共同面临的难题,我们应当打破学科之间的壁垒,也打破国际政治的壁垒,各国医生应当与生物学家合作,与兽医合作,与气候专家、生物多样性专家合作,因为这些问题是相互关联的,我们现在必须认识到这一点。我们必须打破学术研究的壁垒,拿出共同的应对策略。"

5. 对于新学科的发展,多做"雪中送炭"的工作,如对我国现有的已被国家认可的原创学科,应该继续大力扶持。而对于一些还没有被国家正式认可的新学科,政府主管部门应该鼓励其加大研究力度,使之早日完善,为培养更多的创新型人才做出积极贡献。同时,创立新学科可从创立新定律、新定理出发。

6. 中国现有的大气科学学科是在 20 世纪初期才起步,中华人民共和国成立后才得到大力发展。虽然我们取得明显进步,但在学科建设方面与发达国家相比仍存在差距。无论我们国家发展到什么水平,都需要我们长期艰苦奋斗,要注意在开放中学习和创新,虚心学习发达国家的长处。

7. 要积极发展新学科,一定要看准目标,及早起步,"好的开始是成功的一半"。

"东方欲晓,莫道君行早",只要我们勇于创新,并坚持不懈,若干年以后,由中国人创立的学科一定会越来越多。

第五节　大气科学的学科发展

随着大气科学研究领域不断向广度、深度和高度进军,大气科学在气象学基础上的分支越来越多,不仅有大气科学基础学科和交叉学科,如地球系统科学、动力气象学、天气学原理、数值天气预报、天气分析与预报、大气化学、大气物理学、地球物理流体动力学、湍流流体力学和云微物理学、大气环境化学、大气环境流体力学、大气探测学、大气辐射学、雷达气象学、气候与陆地生态系统等,也有众多的应用气象学,如农业气象学、航空航天气象学、城市气象学、环境气象学、污染气象学、军事气象学、经济气象学、管理气象学等;不仅研究某区域(如热带气象学、广西的气候、青藏高原气象)、某国的气象(如中国的气候),而且研究某洲部分区域气象(如东亚地区气象、冰冻圈科学)和全球的气象(如全球季风),不仅研究大陆气象,而且研究海洋气象和其与大陆气象的密切关系,如海洋气象学、海洋气象卫星遥感等。还研究卫星探测、地球大气层中高层甚至其他行星气象等,如卫星气象学、边界层气象学、空间气象学、空间天气前沿、日地空间环境研究等。鉴于大气科学的研究领域和发展特点,积极促进大气科学的国际合作就具有十分重要的意义。

某一个大气科学学院,不可能什么都研究,只能是以国家或区域需求和特色取胜,比如位于粤港澳大湾区腹地和南海之滨的中山大学大气科学学院,对粤港澳大湾区气象、泛珠江三角洲气象、南海气象、赤道气象、热带气象、海洋气象等进行研究是他们的重要特色,目前有气象系、大气物理与化学系、海洋气象系、冰冻圈科学系、空间与行星科学系等下属研究机构。同时,大气科学研究不仅与数学、物理学、化学、生命科学、地学其他学科等有密切联系,也与社会科学、人文科学也有一定联系,如研究人类活动与大气变化的关系,就是一个重要的大气学科发展趋势;气象与文学也有很密切的联系,毛泽东的不少著名诗句均有对气象或物候的表述,如"风雨送春归,飞雪迎春到""北国风光,千里冰封,万里雪飘""高天滚滚寒流急,大地微微暖气吹""泪飞顿作倾盆雨"等;《三国演义》对诸葛亮的"智慧"刻画有不少与气象有关,如"上知天文下知地理"、会"呼风唤雨"甚至有"草船借箭"等妙笔;成语中也有一些形容大气的,如大气磅礴、气象万千、风云突变等;国际著名气象学家曾庆存院士同时也是一位诗人和书法爱好者,中山大学大气科学系首届系主任陈世训教授同时也是京剧爱好者,他将教学与艺术结合起来,受到学生们的好评;气象学与历史学结合,可以产生中外气象历史研究;气象与管理学结合起来,可以明显增强管理者特别是领导干部的风险意识和提高应对各类灾害性天气的能力。因此,大气科学的学科发展天地很广阔,也呼唤这方面人才的不断涌现。

案例一

国际气象学大师罗斯贝的故事

一、走上大师之路

卡尔·古斯塔夫·罗斯贝(1898—1957)是现代气象学和海洋学的开拓者,国际气象界的诺贝尔奖——罗斯贝奖的创立者。他出身于瑞典斯德哥尔摩的一个中产家庭,当他在家乡的斯德哥尔摩大学进行数学和物理专业的学习时,参加了由当时刚刚获得气象预报理论突破的 V. 皮叶克尼斯主讲的一次关于大气运动非连续性问题讲座,由此他被气象学问题深深吸引。

1919—1920 年,罗斯贝进入著名的卑尔根气象学校,加入了由 V. 皮叶克尼斯率领的气旋理论研究和天气预报团队,亲历了极地锋理论和气团学说激动人心的发现,并提出了一些很好的思想。1919 年夏,他首先建立了在天气图上分别用红色和蓝色代表暖锋和冷锋,而不是当时使用的相反方案。这时他也预感到自己的兴趣和长处在理论方面,但大学里学习的物理和数学知识在气象领域不是没有用处,而是还远远不够。1921 年,他随皮叶克尼斯去德国莱比锡大学学习一年后又回到斯德哥尔摩大学,并在瑞典气象水文局谋得一个职位。在那里他参与了高空气球观测网的建立,与另外 4 名预报员一起每天进行 3 次天气图分析并做出全国天气预报。其中有两年的夏天,他还随船出海提供天气预报。

1926 年是罗斯贝学术生涯的一个重要的转折点。这一年他获得了一个基金会的资助,前往位于华盛顿的美国天气局,继续做气象科学研究。1926 年和 1927 年他在美国著名的《每月天气评论》杂志上发表了关于大气湍流和对流方面的论文,反映出他在来美之前的研究工作中,对大气摩擦层的洞察具有远见。

这一时期由于美国对北欧天气预报新进展普遍持否定和麻木的态度,罗斯贝只好在气象局尚未介入的航空气象预报中另辟蹊径。他在加州建立了美国第一个航空气象服务试验系统。1928年,他在麻省理工学院组织了美国第一个大学水平的气象研究项目,同时创立了美国第一个现代气象学意义上的大学气象系。不久,他成了该校的一名正教授。

第二次世界大战爆发期间,罗斯贝在芝加哥大学积极组织和参与了对军事气象人员的培训,同时继续研究他创建的大气长波理论。战争结束后,他招募了一大批优秀学者加入气象研究中,为将要开展的数值天气预报积极进行基本理论上的准备。1946年8月,罗斯贝协助冯·诺依曼在普林斯顿大学召开了第一次讨论数值预报的会议。在这次会议上,罗斯贝极力推荐当时刚刚在加州大学获得气象博士学位的查尼参加首次数值天气预报试验,查尼最终得以成为首次成功的数值天气预报的完成者之一,而且后来他还成长为国际气象学界的又一学术大师。

二、罗斯贝与美国气象教育

20世纪初,美国的气象事业远落后于欧洲。1926年罗斯贝从挪威到了美国后,为推动美国气象科学的快速发展做出了突出贡献,其切入点就是美国的气象教育,从而使新的理论在美国气象部门逐步成为主流。

(一)首创美国大学气象系

和欧洲气象预报轰轰烈烈的理论和技术革新的情况不同,罗斯贝刚刚来到美国时,此地的气象预报仍然世袭19世纪简单的外推方法,新的理论和方法几乎无人知晓,美国较为发达的地面和高空观测网资料的真正价值,并没有在这时的预报服务中体现出来。尽管罗斯贝在准备赴美期间就受到同事的怀疑,他仍然立志要在美国传播和发展新的天气预报理论和实践。然而,来自美方的阻力在他动身前就已经感觉到了。他赴美的项目申请虽然是90个候选项目中被批准的6项之一,但项目的名称却由原来的"气旋锋分析在美国的应用研究"被模糊成了"动力气象研究"。罗斯贝来到美国天气局之后,果然遭遇了身怀绝技却无法在第一线施展的困境。幸运的是,他遇见了当时负责美国海军气象服务的赖克尔德弗。赖克尔德弗比罗斯贝大3岁,是少数从一开始就关注挪威气团分析理论发展的美国当地气象学家之一,十几年后,他出任了美国天气局局长,任期长达25年。两位一见如故的年轻人除了频繁地讨论有关的理论问题,还达成了共识,即要使新的理论在美国气象部门成为主流,并进入大学气象基础教育。1938年,赖克尔德弗通过安排海军预报员到麻省理工学院(MIT)航空航天工程系航空系培训,帮助罗斯贝在MIT创办了美国第一个大学气象系(最开始属于航空系,之后独立成为气象系),罗斯贝也成为第一位气象专业的大学副教授和教授。与天气局不同,MIT明确地将气旋理论的研究和拓展作为气象专业教学和研究的主要内容。良好的学术氛围,加上罗斯贝力邀的几位观点一致的美国同事加盟,使MIT气象系很快人才辈出。早期进入MIT与罗斯贝合作的威利特和拜尔斯两位科学家值得一提。威利特是罗斯贝刚到美国天气局时认识的一个很不起眼的年轻人,罗斯贝认为他很有发展潜力,就鼓励他到普林斯顿大学学习物理和数学,并着眼于预报问题的研究。罗斯贝还安排威利特到挪威的卑尔根大学进修,系统学习新的天气预报理论。当罗斯贝邀请威利特加盟 MIT 时,遭到了当时的天气局局长的坚决阻拦,因为那位局长对气旋理论不屑一顾,他还威胁罗斯贝,一旦威利特离开天气局,就没有可能再回去。威利特怀着对罗斯贝个人的信任和对新预报理论的追求,毅然离开天气局,降薪到 MIT 做助理教授(后来成为 MIT 的名誉教授)。拜尔斯在西海岸的航空气象部门工作,他是在做研究生论文时应邀来到 MIT 和罗斯贝合作的,他也因此先于天气局在美国航空气象部门的天气预报中引入了锋和气团分析方法。拜尔斯毕业后来到天气局当预报员,由于新的天气分析方法受到排挤,他带领的分析预报小组只能远离主流预报人员,躲在预报中心大楼的角落里开展工作。但当罗斯贝 1940 年在芝加哥大学创建了一个新的气象系时,拜尔斯成为罗斯贝最得力的助手和合作者。

(二)促进美国气象业务人员的培训

罗斯贝 1939 年离开 MIT 来到华盛顿美国天气局,任负责研究和教育的局长助理。拜尔斯告诉罗斯贝,直到此时挪威学派先进的天气分析理论仍然没能在天气局的业务中得到应用,原因之一是天气局人员的素质不够。当时不到 200 人的天气局,接受过各种高等教育的人员仅占 27%,其中只有一半人的专业是理工科。分布在美国各地的 1500—2000 位观测人员中,受到过正规气象教育的更是寥寥无几。

罗斯贝来到天气局也是幸运的,因为这时担任局长的赖克尔德弗和他的前任们完全不同,他同样推崇挪威学派先进的天气分析理论,希望将这套理论引入天气局业务。罗斯贝和赖克尔德弗采取的一项重要措施就是大规模开展在职培训,还将天气局的优秀人才送到 MIT 进修,以这种方式培养自己的培训教师。1939 年 9 月,挪威学派的代表人物 J. 皮叶克尼斯(V. 皮叶克尼斯之子)来到美国参加会议,并应邀到一些大学进行学术交流,由于这时德国接管了挪威,滞留在美国的皮叶克尼斯在罗斯贝的积极推荐下,进入加州大学洛杉矶分校,并以他为主建立了美国第 4 个大学气象系——当时除罗斯贝最早创建的 MIT 气象系外,加州理工大学和纽约大学也分别设有气象系。

罗斯贝在天气局工作不久就发现,已有的大学气象系都集中在较为发达的美国东西海岸,而广大的中西部则是一片空白,然而他最关心的大尺度风暴,很多正是在经过这片土地时发展壮大的。在中西部适当的地方应该再办一个大学气象系为气象部门培养人才的想法,很快在罗斯贝的脑子里形成。罗斯贝认为,在美国当时的 5 个区域预报中心华盛顿、芝加哥、新奥尔良、丹佛和旧金山中,芝加哥是实现这个想法最佳的选择。于是,在 1939 年底天气局扩大在职培训时,罗斯贝将位于芝加哥的区域预报中心也作为一个培训地,拜尔斯欣然前往担任培训中心的助理。这一举措不仅方便了非沿海地区预报员的培训,更大大增强了芝加哥城市的气象氛围。

（三）再创芝加哥大学气象系

为了在芝加哥大学创建气象系，罗斯贝致信 MIT 校长提出建议，经多方努力，挂靠在芝加哥大学物理系的气象研究所，于 1940 年 10 月 1 日正式成立。罗斯贝出任气象研究所所长，后在 1943 年转为独立的气象系的主任，拜尔斯任执行秘书，承担了主要的管理工作。罗斯贝再次网罗了一批思想先进又很有功力的气象研究人员加盟，他还请来了美国农业部的两位统计专家从事长期预报研究。

芝加哥大学气象系的起步是从气象职业培训开始的。气象系成立当年就有来自天气局和民航的 15 位学员入学，他们每人每年 350 美元的培训费也是气象系的第一笔收入。学员的数量在转年的 1941 年就增加到 36 人，生源单位也扩大到了海军和空军的气象部门。由于在气象培训上的业绩显著，在美国即将卷入第二次世界大战，总统罗斯福对外号称建立拥有 5 万架战斗机的强大空军的背景下，罗斯贝出任大学气象委员会的主席，统管当时设在 5 所大学里的气象系的气象培训任务，目标是培养军方需要的大量气象人员。从 1941 年到 1945 年战争结束，芝加哥大学一共开展了 7 期培训，学员达到 1700 人，培训周期因战争急需人才也从 2 年缩减至 9 个月，学员最多时，一个班达 500 人。4 年里，5 所大学以每年 2000 人次，总计达 8000 人次的速度向战场输送急需的气象人员。这些经过培训的学员在战场上发挥了应有的作用。战后，当气象专业人员大量缩减时，人们发现，仍留在气象部门的以在芝加哥大学接受过培训的人员居多；另外，在美国气象学会历届主席中，有 15 位是来自芝加哥大学的教师或学生，很多出自该校的学生后来成为美国大型气象研究项目的首席研究员。从 1945 年到 1952 年，罗斯贝在芝加哥大学共培养了 12 位博士研究生，他们几乎都成为了气象科学巨匠。这一切都印证了罗斯贝在战后谈到芝加哥大学气象系时的自豪：芝加哥大学果断决定建立气象系，不仅让学校美名远扬，也造就了美国气象事业的无比辉煌。我们无疑是气象领域中的领跑者。

罗斯贝是在美国天气局任局长助理时着手创建芝加哥大学气象系的，这也使该系从一开始就和美国的气象业务有着最紧密的联系。当时其他大学则不然，如 MIT 气象系的学生有 90％以上进入军方，加州理工大学气象系与美国工业界联系更多。芝加哥大学气象系的这一独特优势，以及罗斯贝的个人贡献，使得它成为二战后世界上最闻名的气象研究中心，一些人还称之为"芝加哥学派"。罗斯贝在芝加哥大学的 7 年，也是他返回祖国前在美国的最后 7 年，这段时间他不仅为美国的大学教育，也为美国气象事业和气象科学的整体发展做出了不可磨灭的贡献。

三、罗斯贝的为师之道

罗斯贝从 20 世纪 20 年代中期来到美国到 1947 年返回瑞典，除了累计在美国天气局工作了三四年以外，长达近 20 年的其他时间里分别在麻省理工学院和芝加哥大学任教。培养气象人才，包括气象职业培训和向气象专业研究生传授气象科学新理念，是罗斯贝一生对气象事业巨大贡献的重要组成部分。罗斯贝指导的博士研究生，进入麻省理工学院、芝加哥大学和斯德哥尔摩大学任教的,分别有 6 名、12 名和 5 名。罗斯贝以他超人的能力和创造力,在 20 世纪上半叶给气象科学带来了辉煌,也通过众多直接受益于他的学术思想和行为准则的学生和同事,将其宝贵的科学遗产传给了下一代。

罗斯贝兴趣广泛,除了科学,他还对宗教、花卉、历史颇有研究。对自然和人类历史的热爱,造就了罗斯贝性格外向、乐于结交朋友和积极向上的秉性。他是一个众人皆知的工作狂,一般都是早上五六点钟起床,最早来到办公室投入工作。工作中遇到难题,他习惯于邀请同事到他的家里推导公式,商讨理论问题,一直到午夜。每到周末或节假日,他的家中总是聚集很多的人,他的学生和同事都习惯于利用这样的家中聚会,与导师在更为宽松的气氛里讨论各种学术问题。

罗斯贝一生中有很多时间是在讲台前度过的。他的学生们在听过他的课后,都有一个最为突出的感觉,即罗斯贝在讲台前似乎总是在发现什么新的东西。这种探求的课堂气氛会感染每一位听课人,使他们加入到探索的行列。罗斯贝在 1952 年写给查尼的信中,谈到他的课堂教学时写道:"有时我会自觉或不自觉地让学生自己思考一些问题。如果你总是灌输一些完美无瑕的大论,你就无法让你的学生成为独立的思考者。"

让学生成为独立的思考者,也是吸引优秀人才从事气象科学这一典型的应用学科研究的重要手段。后来成为著名气象学家的汤普森在回忆他加入气象研究队伍的起因时,言谈间充满了对罗斯贝个人魅力的崇拜。1942 年,在伊利诺斯大学学习物理学的汤普森很随意地听了一场罗斯贝关于大气环流的校内学术讲座。时间不长的演讲,让他相信气象是物理学中最吸引人和最有挑战性的分支。第二天他就来到学校图书馆查找气象方面的资料。但由于该校没有气象专业,气象类的图书很少。他听说罗斯贝所在的芝加哥大学设有气象系,就找到罗斯贝进一步了解了有关情况,当年 9 月,他毫不犹豫地转入芝加哥大学气象系学习。

罗斯贝在引领他的 20 多位博士研究生和一部分同事开展气象科学研究时,非常强调独立性,与他的课堂教学风格如出一辙,并且因为研究生学习应具有更多的创新性而有过之。这导致了外界对罗斯贝指导博士生的方法毁誉参半。罗斯贝作为博士生导师遵循的原则中,引来最多非议的是他鼓励学生结合自己的优势做论文选题,他作为导师从不建议,更不会代为确定研究题目。这种做法,在当时的美国大学里还是很另类的,至少在芝加哥大学,只有罗斯贝如此。虽然罗斯贝的这种做法即使在今天也是一个见仁见智的问题,但能在罗斯贝名下完成博士学业的学生肯定具有更强的自信心,更能够独立开展工作。就连曾经抱怨过罗斯贝这一做法的学生都承认,虽然在他们博士研究后期得到导师给予的帮助较少,甚至很难见到每天繁忙无比的先生,但罗斯贝在培养他们的全方位气象学理论和实际研究能力方面,投入了大量的时间和精力。尤其是他们从导师身上感觉到的对气象研究的热情,具有无限的感召力。"空谈不如实验"这句罗斯贝常挂在嘴边的口头禅,也是他作为导师的行为准则之一。在学生们完成了基础课学习、开始论文的准备后,罗斯贝很少在办公室里单独辅导他们,而是和他们一起在每天的天气图前展开讨论。这种讨论每天下午4时准时开始,有时会一直持续到很晚。在天气图前的讨论是热烈的,有时会让人无法分清谁是教师谁是学生。导师看似不经意的一句提醒,往往是反映了大气运动最基本规律的真知灼见,会让所有的同学思路大开。这个时候往往博士论文的选题已经不再是负担,满腔热情、全身心地投入到下一步的研究中去,已经成为他们自然而然的选择。另外,在讨论中学生们提出的看似幼稚的问题,也启发罗斯贝创作了一篇又一篇重要的研究论文。

罗斯贝作为一位令人仰慕的学者,他的迷人之处就在于能让每一个和他有过接触的人都受到深刻和持久的激励。二战期间罗斯贝在芝加哥大学培训的学员中,在战后有更高比例的人继续从事气象工作,就是这种激励的结果。

案例二

我国南方大气科学人才成长的重要特色和亮点

一、广东阳江涌现出一个气象学家群体

广东阳江在中华人民共和国成立后特别是改革开放以来先后涌现出了曾庆存、杨崧、林良勋、范绍佳、敖振浪、简茂球和林文实等一大批气象学家,除了国家最高科学技术奖获得者曾庆存院士是1956年从北京大学物理系毕业之外,其他的均是改革开放后成长起来的新一代气象学家。其中,杨崧是国际知名的气象学家;林良勋是广东省气象台首席预报员、正高级工程师;范绍佳是大气物理学和大气环境学科带头人,教授,博士生导师,还担任广东省环珠江口气候环境与空气质量变化野外科学观测站站长;中山大学大气科学学院的简茂球是中山大学大气科学学院气象系主任、教授;林文实是中山大学大气科学学院海洋气象系教授。杨崧、范绍佳和简茂球均先后担任过中山大学环境科学与工程学院副院长。这些出身于阳江的气象学家之所以有这么骄人的成绩,除了他们自己的勤奋努力之外,还有一个很重要的外因条件。20世纪70—80年代,阳江市不少中学里都成立了气象观测小组,学校的老师组织学生利用课余时间进行量雨量、测风向等培训,不仅很好锻炼了学生们的动手能力,更重要的是使这些青少年得到了气象科学的启蒙教育。通过耳濡目染,不少学生渐渐喜欢上了气象观测学习,后来他们中便有人高考时报考了气象专业,从此与气象结下不解之缘。

二、为国家重大建设需求提供技术支撑

2022年2月,国际著名季风专家、中山大学大气科学学院杨崧教授负责的泛南海地区天气气候教师团队入选第二批全国高校黄大年式教师团队。"坚持科研与业务结合,为国家重大建设需求提供技术支撑",是该团队一直恪守的信念。

季风的变化与预报,尤其是"春季预报障碍",是季风研究亟待突破的瓶颈问题。教学团队通过一系列重大研究,揭示了泛南海地区在气候变化认识与应对中的关键地位,取得了多项具有创新性和国际影响力的研究成果,为气候异常研究及我国旱涝灾害预测提供重要科学支撑,也为我国参与全球气候变化的国际事务提供科学依据。

团队成员自主研发的针对水文灾害的洪水预报系统,向应急管理部风险监测和综合减灾司提供逐日精细化的业务信息产品,对重大洪涝灾害进行监测和风险评估,为汛期洪水灾害预警提供了可靠的洪水信息。

第五章　创新在人才成长中具有关键作用

创新在大气科学人才成长中具有关键作用,要抓好这个"牛鼻子",应先了解创新的基本知识。

第一节　创新的意义和定义

一、创新的意义

2023 年"五四青年节"前夕,中央电视台音乐频道播放了在中山大学珠海校区举行的"音乐公开课"节目,其中"公开课"最后一个节目——歌曲《理想》,其主要歌词内容是:

如果没有人来幻想明天花儿会开放,就不会有人拼尽全力播种下希望;

如果没有人来相信明天繁花似海洋,就不会有人跟随跋涉百年的茫茫。

回首望,路遥远,多少行囊没了主人;

抬头看,路漫漫,理想依旧耀前方。

如果没有人去荒蛮之中寻找出甘泉,就不会有人认为生活充满着甘甜;

如果没有人去高山顶上把火炬点燃,就不会有人相信明天信仰着理想。

回首望,路遥遥,多少脚印深深;

抬头看,路漫漫,理想依然在召唤。

这首歌的歌词,虽然以"理想信念"为主题,但也可以用来理解"创新"的重要意义。

创新对于一个国家的发展、各行各业的发展均具有十分重要的意义,国际上的创新型国家,多为欧美的发达国家,有的资源相当匮乏,这些国家得以实现人均国内生产总值长期位居世界的前列,持续创新起到很大的支撑作用。不少学科也首先是从欧洲国家发展起来的。创新驱动实质上是人才驱动,是具有创新意识、创新能力和创新成果的高素质群体的驱动。党和政府也多次强调要坚持创新在我国现代化建设全局中的核心地位,把科技自立自强作为国家发展的战略支撑。

大气科学的发展实际上也是创新发展。如意大利科学家伽利略等发明了温度计、气压计;英国实验科学家哈雷发明了气象钟;挪威气象学家 V. 皮叶克尼斯原来是流体力学家,但他将流体力学引入气象研究,从而使气象学建立在数理的基础上;美国气象学家罗斯贝等在大气科学方面提出了多个新理论,并且创立了美国第一个具有现代意义的气象系等;竺可桢开创了中国现代气象事业;曾庆存攻克了数值天气预报实用化的难题;吴国雄在国际上首创湿倾斜涡度发展理论(SVD)和全型垂直涡度方程等……这些都是创新。新中国的气象事业更是处处有创新,如 1958 年,南京大学气象系成立了我国高校第一个大气物理学专业;1959 年在安徽黄山第一次成功实施了人工降雨试验;1961 年中山大学地理系设立了气象专业,填补了我国中南地区大气科学学科点的空白,并在这基础上重点发展了热带气象学等;2004 年 6 月,兰州大学在全国率先成立了大气科学学院;1988 年 9 月 7 日,我国第一颗极轨气象卫星——“风云一号”气象卫星发射成功。从不少著名大气科学家的奋斗历程,都可以看到他们的创新足迹和成果。如中国现代气象事业的创建者之一顾震潮,1957 年发表了中国第一张用数值预报方法预报的 24 小时和 48 小时的寒潮预报图;我国高等气象教育事业的开拓者和奠基人之一李宪之,被誉为“一代宗师”,在学术上还提出了“天、地、气三者有统一规律性”“大气环流与海洋环流的相似性”和“宏观天气系统在灾害性天气形成的动力作用”等创新思想;我国天气动力学学术带头人之一黄荣辉,先后提出了行星波传播、中国重大气候灾害的形成机理等创新理论;吕炯开创了中国农业气象科研事业;兰州大学的黄建平创建和发展了中国西部地区第一个具有国际水准的半干旱气候综合观测站;中山大学的梁必琪开创了热带气象学的多个新领域,等等。

人类劳动从性质上看主要有重复性劳动、模仿性劳动和创造性劳动。只有创新性劳动才能有效推动社会向前发展,但创新性劳动的基础是重复性劳动、模仿性劳动。有了气象站工作人员长年累月进行测量和积累气象资料,气象学家才能从大量的资料中得出规律性的结论。但气象站工作人员本身也不能仅满足于自己从事的重复性劳动或模仿性劳动,也可以进行创造性劳动,在平凡的工作岗位上做出不平凡的成绩。

随着人类进入互联网和人工智能时代,各类机器在越来越多的领域明显超越人类能力,特别是 ChatGPT 的问世,是人工智能发展历程的新高峰,中国工程院外籍院士、加拿大皇家科学院院士罗智泉认为,ChatGPT 所掌握的知识量,一个人需要花一两千年才能读完。这为教育工作者和人才培养提出了新课题,如学生通过人工智能装置可以明显提高学习效率等。互联网、人工智能的发展更凸显了人类创造力的重要性。人工智能是人类创造力的产物,而人类所拥有的创新能力,是人类所独有的。人类应使人工智能成为人类发展进步的有力工具,简化或者取代一些重复性、模仿性的工作,从而加快提升人类创新力和工作效率。

创新固然需要一定的客观条件,但创新者的责任感、创新型思维等主观条件更重要。

创新是如此重要，但不是每个气象工作者或大气科学专业的学生都对创新有比较清晰的了解，故了解一些创新的基本知识，增强创新能力和创新的自觉性，对于自己的人生取得高成就会有重要帮助。

二、创新的定义

创新是一个广泛的概念。最早在 1912 年由奥地利经济学家约瑟夫·熊彼特从经济学和企业发展的角度提出，但今天其含义已包括各领域而成为时代发展的主旋律。

笔者认为，创新即认识世界、改造世界在广度和深度的进步，主要有两层意思。

第一，与创造同义，即一切发现、发明、创作等活动都同时也是创新。其中"发现"指自然界本身存在的，人类不断深化对其现象和本质认识的成果，如挪威 V. 皮叶克尼斯提出的极锋学说并将气象学建立在数理基础上、大气化学等交叉学科的发展、青藏高原及邻近地区是全球大气变化的敏感区、能汇区等的发现等；"发明"指自然界原来不存在，靠人类的智慧创造出来的，如气压计、湿度计、天气图、百叶箱、观测气球、气象卫星等。

这方面的创新包括原始创新、知识创新、颠覆性创新等，它们不一定能直接产生经济价值性，有的甚至纯粹是"为科学而科学"。知识创新、学科创新等均属于这一类的创新。故这层意思主要是从认识世界深度和广度的进步来说的。

第二，通过多种途径，将创造性想法转化为具有更高价值、更高效益等的过程和结果。即指在一定条件下，以新组合、新发现、新思路、新变化、新发明、新技术等为形式，通过一定技术和管理等途径，实现新理论、新技术、新产品、新产业、新局面等具有物质或精神新价值等的现实成果的活动过程。这层意思主要从改造世界的能力和效果提高的角度去看。熊彼特对创新的定义更多是指经济效益提高这方面，本质上也可以看作是人类改造世界能力的提高。

新价值的含义很广，如在本职工作岗位上不断取得新成绩、体育健儿不断刷新各层次纪录、"大国工匠"在某技术领域不断攀登高峰等，都是提供了新价值。

简言之，创新就是人类不断向认识世界和改造世界的广度和深度进军的不懈努力和最新成果，是人类体力和脑力的不断解放和生产力的更快提高，是人类走向未来的必由之路。

创新需要一定条件，其中客观条件是资源条件和开放宽松的创新环境，主观条件是自由、自主、知识、智力和创造性思维等。

从许多方面来说，创新就是推动基础研究、应用研究、开发研究的更快发展和与先进生产力的相互促进，就是实现新知识、新技术和财富增长的良性循环；就是推动人类进步事业从无到有、从小到大，由弱到强，由不完善到比较完善的过程；创新就是推动各领域更快进步，赢得竞争优势，力争走在时代前列的关键。它不仅体现在物质上,也体现在精神上。

创新也可以仅从字面上去理解,"创"包括创造、开创;"新"包括一切新颖的能带来新价值新进步新发展的活动。

第二节 创新的种类和特点

一、创新的种类

(一)从创新的性质来分

包括:渐进式创新、根本性创新、适应性创新、颠覆性创新、持续创新、非持续创新、技术创新、非技术创新、结构性创新、空缺式创新。

(二)从创新的层次来分

包括:

1. 个别创新,集群创新,系统创新。

2. 科学创新,技术创新,工程创新。

3. 原始创新,集成创新,引进消化后再创新。

4. 元创新,非元创新或源创新,流创新。其中元创新是基础,是根本。

5. 战略性创新,战术性创新。

6. 国家创新系统,地方创新系统。

7. 全员创新,全要素创新,全时空创新。

(三)从心理和状态方面来分

包括:主动性创新、被动性创新、有意识创新、无意识创新、有形的创新、无形的创新。

二、创新的特点

创新具有几个鲜明的特点。

(一)新颖性

新颖性是创新的最显著特点。新颖就是在一定的范围内首次出现、首次产生。

（二）进步性

进步性也称先进性。创新一定是促进生产力发展和人类文明进步的,仅有新颖性但不具有进步性的事物就不能认为是创新。

（三）新价值性

创新一定是有利于增加人类的物质财富和精神财富的。对于企业来说,创新一定是有利于其获得更大利润的。

（四）持续性

只有创新才能更好发展,不创新不行,创新慢了也不行。但创新不是一蹴而就的过程,而是一个逆水行舟不进则退的连续性、长期性的过程,要持续走在时代的前列,就一定要持续创新。

（五）时间性

创新的时间性主要指创新是有时间要求的,"不创新不行,创新慢了也不行"。创新是只有第一没有第二的。在竞争的时代,要争取主动,在可以有所为的领域抢先突破。创新固然需要一定的客观条件,但充分发挥主观能动性,可以使创新的进度更快些,"笨鸟先飞""捷足先登"。基础研究也要讲究时间性、讲究紧迫性。基础研究虽然是一个对本学科基础理论的研究,也是对研究对象的探索能否成功不确定的研究,但不能由此将基础研究看作是可快可慢的事情。如物理学界对引力波的研究,多个国家都进行探索,但有的国家探测仪器精度欠缺,有的信心不够,最终由美国科学家首先发现并由此获得诺贝尔物理学奖。

（六）风险性

创新的风险性指创新往往伴随着高投入、高艰苦性,甚至可能牺牲生命,还不一定会成功。

（七）形式灵活性

创新的形式是多种多样的,如马克思主义的诞生是创新,马克思主义中国化也是创新,现有条件的不同组合也是创新。"人工智能＋"是创新,"区块链＋产业"也是创新。

（八）范围广

各领域都有创新问题,如理论创新、科技创新、管理创新、体制创新、教育创新、方法创新、品牌创新、观念创新、金融创新、组织创新、商业模式创新、合作创新、组合创新、开放创新、协同创新、军事创新、军民融合创新等,甚至人的寿命也可以创新。仅仅是企业创新,下面又分技术创新和非技术创新,技术创新又分产品创新和工艺创新,非技术创新又分战略创新、组织创新、市场创新、制度创新和文化创新……国家推动全面创新,其核心是理论创新、科技创新、产业创新和制度创新,特别是原始创新。

第三节　创新的动力

一、定义和种类

(一)创新动力的定义

创新的动力指对创新事业的发展起促进作用的力量。

(二)创新动力的种类

1. 创新动力的种类根据性质可分为:物质动力创新、精神动力创新、信息动力创新、任务动力创新、家庭动力创新。
2. 根据状态可分为:主动式创新、被动式创新。
3. 根据区域和范围可分为:家庭创新动力、各行各业创新动力、个人创新动力。

二、创新动力的来源

创新动力源自工作动力、事业动力和竞争压力等,但创新主要靠大脑、靠智慧,故创新动力主要来自创新者的责任感等内驱动力,其次也靠国家需求和市场需求驱动。科学家认为,人的潜力几乎是无限的,目前人类所发挥的能力仅是其全部能力中的一小部分,就好像海平面显露的"冰山"的一部分,人类待开发和发挥的才能还有很多。人与人的差别,主要不在于先天的资质,而在于后天的努力,特别是在于一个人将一生的时间用在什么地方。如果每个人从青少年、青年时代开始,就将自己的精力聚焦在某领域的创新上,其一生的成就可以达到相当的高度。

无论是国家、企业还是个人,其创新动力主要来自:

(一)对创新的认识

"知之深,爱之切",对某项事业认识得越深,就越热爱它。只要我们充分认识到创新的重要意义,就一定愿意积极投身到这项事业中去。

（二）人的解放程度

马克思认为，到了共产主义社会，人应该是自由而全面发展的。创新驱动实质上是人才驱动，在社会主义条件下，人才驱动不仅是科学家和科研人员，而是亿万人民。而人才驱动依赖人才解放。人的解放又包括政治解放、思想解放、经济解放和才能解放，才能解放又包括大脑解放、时间解放等。人越解放，越能将时间和精力投入到创新中去，取得的创新成果就会越多。在现实生活中，多种原因使一个人的时间和精力被消耗在低价值甚至无价值的事情上是常见的，如花在上下班时间过多、交通堵塞、家庭拖累等。

确立先进社会制度和适时进行体制机制改革也是促进人的解放的重要条件。

（三）走历史必由之路

解放和发展生产力是历史进步的必然。如多次工业革命明显解放了人的体力和脑力，极大促进了生产力的发展和人类的进步。创新型国家在许多方面也代表了人类发展的前进方向。

（四）解决问题的压力

人类在生存和发展的过程中，需要解决很多问题。解决了问题，人类就前进了。这些问题有宏观的、微观的。解决问题的压力来自多方面，如国家重点项目完不成、各类课题难以结题的压力，以及企业遭遇亏损、个人发展面临瓶颈等造成的压力。

（五）经济利益

"谋生"是大多数人工作的第一动力，国内生产总值等经济指标也是反映综合国力的主要指标，而企业的主要目标是争取在满足社会某方面需要的同时实现利润最大化。"知识和财富的统一"是当今时代创新的真谛。因此，不能让人们实现更高收入的创新目标，没有新价值产生的创新目标，难以成为创新的"第一动力"。我国古代就已懂得对人才不仅要敬之，也要富之。改革开放以后，正确处理了"大河"与"小河"的关系，努力提高人民的收入水平，不但极大调动了亿万劳动者的工作积极性，也明显促进了国家的发展。物质利益是创新的重要动力，在政策上让有创新成果者获得合理回报、以真正体现创新者的价值，是很重要的。

（六）人类需求

人类有不断向认识世界和改造世界的广度和深度进军的许多需求。创新的动力，往往就来自满足人类的各种需求。当今时代许多国家的人民不仅有追求更高收入、更好教育的需求，而且有向往更高的寿命，更美好生活等需求。人类需求往往体现在国家需求和市场需求,智能手机、移动网络、社交媒体等,均是"需求牵引供给,供给创造需求"的典型代表。

(七)创新氛围

创新氛围直接影响创新的动力。"自强不息""穷则思变""化危为机""科学家精神"等是积极的创新氛围,有利于创新动力的产生;"枪打出头鸟""人怕出名猪怕壮""得过且过"、短视眼光、不尊重知识产权等均是消极的创新氛围,对创新动力有负作用。

(八)正确引导

政治教育不仅是中国共产党领导的人民军队从小到大、由弱到强的关键因素之一,而且也是中华人民共和国成立后中国实现从一穷二白到世界第二大经济体历史飞跃的重要条件,而正确引导又是政治教育的重要内容。正确引导企业尽早转型升级,正确引导人民走创新之路。人民也在"大众创业,万众创新"的时代洪流中不断获得新价值,自然会激发更高的创新热情。甚至"不用扬鞭自奋蹄"。

(九)政府和社会制度

政府和社会制度均属于上层建筑。政府和社会制度倡导什么对于创新动力影响很大。根据马克思主义所揭示的人类社会发展规律,生产力发展的快和慢,与生产关系和上层建筑有十分密切的关系。中国长期实行封建制度,不少朝代压制人才的现象比比皆是,"我劝天公重抖擞,不拘一格降人才",就是人才对严重束缚人才发展的落后腐朽制度的呐喊。多次工业革命均发生在欧美国家,不少创新型国家也集中在欧美国家,与这些国家较早发展资本主义和重视发明创造有关;1894年中国在甲午战争中惨败,当时日本联合舰队司令伊东佑享在给北洋海军指挥官丁汝昌的劝降书中写道:中国陆海军连败,绝非君臣某一个人之罪,其原因乃是墨守陈旧政治之弊。而日本明治维新之后抛弃旧政治才能逐步崛起……民国时期,不少知识分子怀着"教育救国""科学救国"的理想,也为中国的近代化做了不少有益工作,民国政府为此进行过一些有价值的努力,如兴办了一些著名大学和研究院,培养了一批杰出人才等。但不能从根本上改变中国的面貌。只有在中国共产党的领导下,通过彻底完成反帝反封建的新民主主义革命,从根本上为中国的发展进步奠定了最重要的政治基础,并在这基础上不断解放和发展生产力;改革开放是决定当代中国前途命运的关键一着,改革主要是改革不适应生产力发展的生产关系和上层建筑,是社会主义制度的自我完善。早日实现中国式现代化是中国近代以来正确的政治路线。党的十一届三中全会以后,党领导人民通过拨乱反正,集中力量进行现代化建设,实现了让人民富起来和让国家强起来的统一,并逐步认识到"发展是第一要务,人才是第一资源,创新是第一动力",并积极发展新质生产力,从而有力促进了社会的进步。

事实充分说明,创新活力的迸发需要良好的创新环境,国家强盛需要政府确定正确的政治路线。

(十)兴趣爱好和理想

兴趣爱好在创新过程中具有十分重要的意义,甚至有人认为"创新的源头就是兴趣"。许多科学家走上科学的道路就是受到兴趣的引导,"以兴趣始,以毅力终"。理想是兴趣的升华。为科学而献身,努力攀登科学高峰。是许多科学家的理想和志气。爱迪生一生有两千多项发明,源于他从青少年开始就有的对发明的浓厚兴趣。创新不一定能成功,也不一定有效益。"板凳一坐十年冷"的主要动力来自兴趣和理想。

(十一)人生目标

一个人究竟追求什么样的人生,对其创新动力影响很大。如果一个人认为自己的人生应该以创新为使命,他一定会更关心创新、热衷创新,主动作为,而不是斤斤计较生活小事。正如马克思所说:"如果我们选择了最能为人类的幸福而劳动的职业,那么,我们就不会为它的艰辛所压倒,因为这是为全人类所做出的牺牲";毛泽东青年时代"身无半文,心忧天下";钱学森、黄大年等著名科学家放弃国外优厚的生活条件毅然回国并作出突出贡献。2020 年年初,在新冠疫情面前,84 岁的钟南山院士再次披甲出征……很多人问钟南山院士,为什么他可以像一台永动机,孜孜不倦,永不停步?他的动力究竟来自哪里? 他的回答是:我的动力来自疾病对人类生命的威胁。也就是说,他的动力来自一个医学家的历史责任感,来自"心怀天下,悲悯苍生"的伟大胸怀。

无论是兴趣爱好还是人生目标的实现,家庭的支持和一定的经济基础是实现创新的重要条件。同时,创新能力、创新成果与创新动力密切相关,有为人生的过程就是"积小胜为大胜"的过程。目标越远大,才能发展会越快;创新成果多,说明创新成功率高,自然会进一步增强其创新动力。

综上所述,设创新动力为 Y,人生理想为 X_1,创新目标为 X_2,创新能力为 X_3,创新条件为 X_4,创新努力为 X_5,创新方法为 X_6,时间为 T,则个人创新动力可以用如下数学公式来表示:

$$Y=(X_1+X_2+X_3+X_4+X_5+X_6)/T$$

其中,创新目标指具体可行的创新目标,即能提高创新成功率的目标;创新条件包括身体条件、家庭条件、资金条件、技术条件,创新能力除了观察能力、动手能力等基本能力和创造性思维等特殊能力之外,还包括外语水平等。创新动力与人生理想、创新目标等成正比,与时间成反比。

总的说来,创新的动力主要来自四个方面,宏观和微观、物质和精神。一定的物质利益满足以后,共同理想、个人理想等精神动力将成为主要动力,并在物质和精神的相互促进中不断得到强化和持久。

第四节　创新与大气科学人才成长

一、创新与人才培养

创新在人才成长中具有关键作用。诺贝尔物理奖获得者李政道认为,培养人才最重要的是培养创造能力;大知识观要求大学生特别是研究生不仅要掌握知识,更要能应用知识和创造知识,三者是一个统一的整体。中山大学现任校长高松院士提出要培养有创造性的、能够引领社会发展的,甚至是对整个人类进步做出贡献的人才。引领未来的人才就是创新型人才,如当今时代为智慧气象做出积极贡献、引领气象领域未来的人才。故培养高水平人才的核心是在厚基础的同时强化培养创新意识和创新能力,评判是否高水平人才的主要标准是其取得什么水平的创新成果、为社会做出了什么贡献。党和政府期待高校输出更多创新型人才,这个要求体现出时代的迫切需求。

二、创新与大气科学人才培养

我国要尽快建成气象强国,在大气科学学科建设上早日走在世界的前列,关键是培养更多献身气象事业的高学历、高成就的创新型人才。

涉大气科学的院校要培养更多的创新型人才,建议从以下几方面入手:

(一)进一步明确人才培养目标,不断深化我国教育体制改革

教育战线是培养创新型人才的主渠道。邓小平早在 20 世纪 80 年代就提出了"教育要面向现代化,面向世界,面向未来"的重要思想,习近平总书记也曾明确指出,抓创新就是抓发展,谋创新就是谋未来。我国已进入以实现中国梦为主要目标的新时代,大力培养更多的高水平的创新型人才,是时代对教育系统提出的最紧迫任务,也是衡量教育系统特别是高校培养人才质量的主要指标。因此,"面向创新"不仅是当今落实"三个面向"最重要的内容,也应该成为中华民族一个永恒的发展理念,坚持走中国特色社会主义道路、争取有越来越多的领域引领时代也就是坚持创新。同时,我们的教育不仅要面向世界,而且要面向世界一流。大气科学的发展,历史上是欧美科学家的贡献为主,目前也仍是欧美国家领先。只有创新,中国才能较快追上和超越国际上大气科学最先进的国家;只有创新,中国才能对大气科学有更多的贡献。

我们要切实落实"大知识观",即对于研究型大学的毕业生来说,应是掌握知识、应用知识和创造知识的统一。对于其他高校和职业技术学院的毕业生,也应有追求卓越、不断创造新业绩的人生要求。华人诺贝尔奖获得者之一的丁肇中教授也认为,创造知识比掌握知识更重要。书本知识是别人创造的,作为科学家更重要的使命是创造知识。同时,应用知识包括必须尽快让知识变成财富,让新知识转化为新技术新产业。我国创新型人才培养问题,有客观条件问题,如实验室条件、经费等,但主要的还是教育理念、教育目标和个人内因的问题,即是否将培养大批创新型人才特别是拔尖创新型人才作为教育最紧迫的任务。教育战线培养人才绝不仅仅是让学生走上社会后能顺利就业、适应社会,更重要的是要让他们能引领和推动社会更快进步,敢于走前人没有走过的道路,敢于攀登前人没有攀登过的高峰,敢于走在世界的最前列。缺乏创新意识和创新能力的人,也将会越来越难以适应创新时代要求。故"创新"不仅是国家发展战略的核心,也应该成为大气科学人才培养的核心。我们应在引导受教育者努力追求高学历、追求好品德、追求知识丰富和能力卓越的同时,努力追求创造创新,追求高成就,这应该是受教育者从小就应该树立的理念。

(二)加快构建以高水平创新人才培养为核心的大学教育新模式

模式指事物的标准样式,也指解决问题方法、经验的升华和理论总结,它可以是一种制度,也可以是一种流程,它反映了人们对某种客观规律的认识程度,并在实践、认识、再实践、再认识的无穷循环过程中不断深化和完善。中国要早日实现中国梦,一定要在科学总结古今中外优秀教育成果的基础上形成具有中国特色的符合世界发展潮流的高效培养高水平创新人才的大学教育模式。

什么才是高质量高水平的人才?在新时代,教育系统高质量发展的主要标志应是看能否培养出更多适应时代需要、引领时代发展的创新型人才,大气科学人才的培养也是这样。因此,在坚持中国特色社会主义道路的前提下立德树人,以培养创新型人才的多少与水平高低作为衡量现代大学教育模式优劣的主要衡量指标,并在这目标指导下不断推进教育创新,应是我们的明智选择。如果我们的高校大气科学专业培养了一代又一代青年学生,但长期涌现不出国内突出甚至世界杰出大气科学家,中国就难以真正建成气象强国。

大知识观是对大学生特别是研究生的要求,即掌握知识、应用知识和创造知识的统一。仅重掌握知识而轻应用知识和创造知识,甚至仅是应付式学习、为学分而学,就难以成为新时代的创新型人才。

(三)遵循创新型人才培养规律

1. 思想上高度重视,深刻认识到培养更多更高水平创新型人才的紧迫性。
2. 采取有力措施,真正做到全员育人、全过程育人和全方位育人。

3. 严格要求学生,如保持一定比例的淘汰率等。

4. 切实抓好创新教育。创新教育是以培养人们创新精神和创新能力为基本价值取向的教育。创新教育是教育创新的重要内容,是素质教育的重点和灵魂,是培养创新型人才的关键。

5. 本科毕业就走向社会的大学毕业生占相当大的比例,在大气科学领域,不少基层单位的工作人员具有本科学历。故在大学的本科阶段就要进行创新教育。要通过多种途径,让大学生真正树立较强的创新意识,并掌握更多的创造性思维和创新方法,尽早明确人生目标,进入人生的创造阶段;其中在本科阶段就引导大学生们积极进行研究性学习,早日从事科研工作和其他创新实践,在理论与实践的结合中不断提高自己的创新能力。当今时代是人才引领发展的时代,大气科学专业的大学毕业生走向社会后不仅要适应社会,也要敢于逐步引领行业的发展。

(四)加快培养和使用好大气科学创新型教师的步伐

教师是培养人才的主体。创新型教师是指那些具有创新教育观念、创新性思维能力和创新性人格,具有丰富知识和合理知识结构,积极吸收最新教育科学成果,善于根据具体教育情境灵活应用各种教育方法,努力发现和培养创新型人才的教师。

要培养创新型教师,主要要做到以下几点:

1. 要抓紧编写培养创新型人才的专门教材,让教师了解创新教育的重要意义和具体内涵。

2. 为教师提供更多的关于培养创新型人才的学习、实践和交流机会。

3. 在对教师工作量的评价上,对积极推动教育创新、在培养创新型人才方面有成绩的教师,应给予政策倾斜和多种形式的鼓励。

4. 教师也要积极参加和指导学生的创新创业活动。

随着时代的发展,对于教师队伍建设的要求,除了要德才兼备,有道术、学术、技术、艺术和仁术之外,还要有创术,并言传身教。

(五)专业设置和课程设置是重点

学科发展和专业设置是高校的基础,发展什么学科、设置什么专业,既要符合国家发展需要和社会需求变化,也要根据本校的定位和特色。一所名校的发展,一定是扬长避短、有所为有所不为的。

时代需求是变化的,专业结构也需要不断优化和"吐故纳新"。教育部最近也明确提出要全面推进"四新"建设即"新工科、新医科、新农科、新文科",对于大气科学的发展也应有这样的要求。我们应努力发展更多的大气科学的交叉学科,未来大气科学应有更多定律定理是用中国人的名字命名的。

　　课程教学是高校培养人才的主要形式,努力建设更多的"一流课程""精品课程",在许多高校已经实施多年。建议要适当增加与创新有关的课程作为选修课或必修课,并在学分上给予体现,让学生们在大学阶段就树立较好的创新意识并掌握一定的创新本领。

(六)理论联系实际是重要途径

　　课程设置主要是学习书本知识并掌握一定的技能,而积极参加科研实践、发明实践和创新创业大赛等都是创新实践。我们只有将理论与实践紧密结合起来,才能真正培养出更多更好的创新型人才。产学研更紧密结合,是理论联系实际的重要途径。如何将产学研结合起来,要做到以下几点:

　　1. 到第一线去直面问题、压力和疑问,读"无字之书",深入了解社会需求,是创新的重要源泉。生产第一线要不断提高劳动生产率,要尽快"转型升级"走向中高端,会有许多亟待解决的问题,这是高校培养创新型人才的重要"熔炉"。

　　2. 对于许多高校来说,要加强产学研更紧密结合,应多从生产第一线中要创新课题,并在解决实际问题的过程中取得创新成果。

　　3. 高校成果应尽量与产业相结合。

　　顺势成才也是人才成长的重要规律。面向现代化、面向世界一流、面向创新,积极投身"大众创业,万众创新"的伟大事业中去,大批创新型人才就会在这过程中涌现。美国硅谷在这方面就是我们学习的榜样。

(七)多管齐下是重要手段

　　学校教育、家庭教育和社会教育要多管齐下。有专家认为,影响创新型人才成长的关键事件主要有系统教育、时代特征、自身因素、人生际遇、文化环境和家庭环境六类。

　　营造良好的创新环境是社会教育的重要方面,它包括:

　　1. 营造以创新为荣、以创新为乐甚至以创新为人生的最崇高目标的文化氛围,鼓励冒险,宽容失败。

　　2. 创新不仅需要创意、创客,也需要创投和创境才能成功创业。许多发明人缺的是资金和指导,对于初出茅庐的大学生创业者,社会更要多做"雪中送炭"的工作。

　　3. 要有创新人才集聚的氛围和条件,如高水平大学、研究机构、实验室、孵化器和加速器以及专业服务机构等。

　　4. 继续积极鼓励青年人出国留学,特别是到创新型国家留学,努力学习发达国家的先进理念、方法和技术,并尽快进入创造前沿,取得创造成果,同时也要引导他们通过多种方式为祖国服务,为振兴中华服务。

　　5. 培养创新型人才,不仅是教育战线的责任,也是整个社会的职责。所不同的是,教育战线的培养主要是学历性培养,是人才成长关键时期的基础性培养,是"百年树人"的培养。而社会的培养是锤炼式培养、使用性培养和终身教育的培养,是见效较快和出成果更关键的培养。社会的培养重点是营造良好的人才成长环境和提供创新事业平台。为了加快创新型人才的培养,各行各业的培训都应该将创新和人才的基本知识作为必修课程或选修课程,并积极给予应用。

6. 无论是学校培养还是社会培养,都要遵循创新型人才成长和管理规律,并不断改革,去除不符合人才成长规律的一些旧体制、旧理念、旧模式。

7. 政府和社会要继续积极营造创新型人才成长的良好生态环境,对不利于创新型人才成长的各种旧体制旧观念进行改革,特别是切实用好人才评价这根"指挥棒",真正做到不唯学历、不唯职称等而主要看成果看业绩。世界上许多顶尖人才的成长轨迹多种多样,固然主要是大学培养的,但也有学历偏低主要靠自学的,有"半路出家"的,有"不务正业"的,有"大器晚成"的。应让人的才能充分发展,让人的潜力充分展现。"没文凭有水平也行",这是当年《春天的故事》歌曲的词作者蒋开儒57岁从东北南下深圳应聘时用人单位的观念。这份明智让深圳当年接纳并成就了以蒋开儒为代表的千千万万有才能的深圳创业者。各级各类气象部门的人才管理部门,也应该有这样的胸怀和眼光,聚天下英才而用之。这个"英才",不一定是学历很符合要求的,但一定是创新能力较强、创新成果较多的。

不断激励各类创新型人才也是营造良好创新生态环境的重要方面,如开展多种形式的"最美大气科学工作者"等活动。

(八)自我教育、自我激励是根本

创新型人才的成长,外因只是条件,内因才是根本。自我教育、自我激励、自我培养在人才成长中具有关键作用。无论外因条件如何,人才自己均要"永远进击"。人才个体的成长也要从小立志创新,将有所创新作为实现自己人生最大价值、为社会做出最大贡献的重要途径,扎扎实实从各方面提高自己的综合素质,特别是提高自己的学习力和创新力,不懈努力,久久为功。

许多事例充分证明,成为创新型人才的目标并不是高不可攀,关键是要有榜样,要有"韧"劲,要敢于创新和善于创新。

案例一

罗斯贝与现代气象科学

翻开现代气象科学发展史,人们很容易发现,传统气象学的经验学派、理论学派和气象预报实践学派之间在 20 世纪前半叶相互融合、借鉴,最终以数值天气预报成功为标志走向成熟,并构建了地球科学中的重要学科——大气科学。这一重要过程的开端,是 1903 年挪威物理学家 V. 皮叶克尼斯提出的天气预报问题不过是一组控制大气运动的动力和热力物理方程的初值问题,天气预报就是这一数学方程组的解的观点,结束于 1950 年由冯·诺依曼和切尼等在人类第一台电子计算机上成功进行了数值天气预报。这两次突破,彻底改变了气象学科的面貌,也使气象预报真正成为一门严肃的基于物理和数学理论的科学。

然而,在这两次突破之间漫长的几十年里,科学家们的不懈努力最终使现代物理学和数学走进了气象。为铸造着眼于天气预报的现代大气科学理论做出的艰苦努力同样功不可没,其中,瑞典籍美国气象学家罗斯贝,是用自己的研究经历连接两次重要创新过程的不多的学者之一。

如果说皮叶克尼斯大胆地将气象问题归结为物理和数学问题,使气象学家开阔了眼界,知道应该到哪里和以什么态度去寻找气象预报问题的答案,而冯·诺依曼和切尼漂亮地用数值模式彻底地将大气科学理论和气象预报问题合二为一,让预报员认识到依据科学理论可以得到客观和准确的天气预报方法,那么,罗斯贝在动力气象学领域创造性的工作则清楚地揭示了大气运动的共性和个性,铺垫了使这两次突破完美结合到一起的路径。

案例二

涂长望的部分人生亮点

涂长望是我国著名气象学家,从 1949 年到 1962 年,他先后担任过中央军委气象局局长和中央气象局局长。

涂长望的一生有许多亮点。

一、生涯亮点

1931 年 9 月,涂长望由英国伦敦大学学习经济地理学,转入伦敦大学帝国理工学院,师承气象学家沃克爵士攻读气象学,其间写成《中国雨量与世界气候》的论文。

1932 年,涂长望从伦敦大学帝国理工学院毕业,获得气象学硕士学位,并经推荐成为英国皇家气象学会第一个中国籍会员。

1933 年,涂长望进入英国利物浦大学地理学院,在地理学家罗士培教授指导下攻读地理学博士学位。

1934 年秋天,应竺可桢聘请,涂长望放弃即将获得的博士学位,提前回国任中央研究院气象研究所研究员。

1944 年,涂长望与他的研究生黄仕松取得东亚季风研究重大成果,发现季风跳跃现象。

1945 年 8 月 30 日,毛泽东到重庆与蒋介石进行谈判期间,会见了中国科协、民主科学社的核心人物潘菽、梁希和涂长望先生等 8 人。9 月 3 日,"民主科学社"庆祝日本投降签字,涂长望提议改名为"九三学社",遂成为科学文化界人士的政治团体。

1949年10月,涂长望受命筹建中央气象局。12月17日,毛泽东主席、周恩来总理任命涂长望为中国人民革命军事委员会气象局局长,担负起创建人民气象事业的任务。

1951年,涂长望在北京组织召开的首次全国气象会议上,明确了各级气象台站的领导体制和职责范围。

1953年,第一个五年计划开始,涂长望提出配合经济建设高潮,掀起气象建设高潮。8月,军委气象局归国务院建制,改称中央气象局,他继续任局长。

1955年,涂长望被选聘为中国科学院学部委员(院士)。

1956年,涂长望被加入中国共产党。

二、人才培养亮点

涂长望无论是任教于清华大学、浙江大学、中央大学,还是担任中央气象局局长,都非常重视对人才的培养。他的许多学生,如叶笃正、谢义炳、施雅风、毛汉礼、陈述彭、黄士松、郭晓岚等,都是国内外知名学者。

三、学科建设亮点

在涂长望提议下,中央气象局创办了三所直属中等气象学校,以及中国第一所高等气象院校——南京气象学院,并对北京大学、清华大学、南京大学的气象教育工作给予支持。为培养农业气象人才,他与各方面协商,克服种种困难,确定在北京农业大学成立农业气象专业。

四、科研成果亮点

涂长望开创了中国农业气象、海洋气象、旱涝异常及中长期天气预报的研究,在大气环流、季风进退及气候变暖等多方面提出预见性的学术观点,培养了一批优秀气象人才,为中国气象科学事业的腾飞、促进国际合作、向国际先进水平前进,打下良好基础。

涂长望长期潜心气象科学研究,开创了中国长期天气预报研究之先河,在中国气团和锋面、中国气候和东亚环流研究与应用、农业气候、霜冻预测、长江水文预测、气候与人体健康、中国气候与河川水文、土壤形成与植被分布的关系、中国人口与社会经济等科学和应用领域都做出了一定的成果。他还积极组织气象业务服务工作,推动科研和灾害性天气预报业务及人工影响局部天气的研究,并大力倡导发展中国气象卫星事业。

五、职业亮点

作为首任的中央气象局局长,涂长望在不同的历史时期制定了不同内容的业务和服务方针,以满足社会当时的迫切需要。

创业初期,中国国内战争尚未结束,又面临抗美援朝的严峻形势,涂长望根据中央精神,制定了"大力建设气象台站网,统一业务规章制度和技术规范,开展气象服务"的方针,确立气象工作首先保证国防需要,同时兼顾经济建设的需要。

1953年起,国家进入大规模经济建设时期,涂长望主持制定了"积极领导,在巩固与提高现有工作的基础上,根据需要与可能,有计划地加以发展"的方针。1956年,他又提出"积极建设,保证质量,提高技术,扩大服务"的方针,并确立了气象工作既为国防现代化又为国家工业化,交通运输和农林业等生产服务。

1958年,涂长望在全国气象工作会议上提出"依靠全党全民办气象,提高服务质量,以农业服务为重点,组成全国气象服务网"的方针,提出并确立了"专(区)专建气象台、县县建气象站"的建设原则。他深入基层调查研究,提出了改进专区台预报方法的重要思路,并发展成为中国地区分析预报方法,后一直被沿用。

涂长望在创建全国各级气象组织机构的同时,也加强了中央气象局的机构建设,设立了中央气象台、气候资料室、气象研究所、业务管理处、气象教育处、图书馆等机构。

第六章　大气科学人才的微观管理

中华人民共和国成立以来,特别是改革开放以来,我国培养了大批大气科学人才,分布在与大气科学有关的教学、科研、管理和服务等众多气象专业部门。如何对本单位大气科学人才进行微观管理,让他们为建设气象强国发挥更大作用? 在党管人才、上下一心努力"构建具有全球竞争力的人才制度"和"聚天下英才而用之"的前提下,气象领域各级领导和组织、人力资源管理工作者只要做好了凝聚人才、引进人才、培养人才、用好人才、公正评价人才、留住人才、管理人才、保护和成就人才等方面的工作,真心爱才,悉心育才,倾心引才,精心用才,不断完善人才工作体系,就一定可以早日形成建设气象强国的宏大人才队伍,其中"聚引育用评留"被誉为人才链的主要内容。

第一节　党管人才

坚持党对人才工作的全面领导,是做好人才工作的根本保证。党管人才就是党要领导实施人才强国战略,把党的政治优势、组织优势、制度优势转化为人才发展优势、科技优势和创新优势,加大人才发展投入,提高人才投入效益,从而形成我国人才国际竞争比较优势和竞争优势。

中华民族近百年能够从站起来、富起来到强起来,中国人民能够从追赶时代到逐步引领时代,其最根本的原因是中国共产党的正确领导。坚持党的全面领导不仅是中国特色社会主义最本质的特征和中国特色社会主义制度的最大优势,也是中国式现代化顺利实现的最重要条件。办好中国的事,关键在党,关键在人,关键在人才。坚持党管人才,就是党和政府高度重视、凝聚、激励、引领人才,为人才成长创造更好条件,不断完善好体制机制,努力解决好全方位人才培养、引进、使用过程中的各种问题,就是党管宏观、政策、协调和服务,使党内外各种力量形成合力,推动人才事业更快发展,早日建成人才强国。党的二十大更是将教育、科技和人才作为"三位一体"的"强国体制",强调坚持教育优先发展,科技自立自强,人才引领驱动。

2022年4月国务院下发的《气象高质量发展纲要(2022—2035)》、中国气象局及各省(自治区、直辖市)气象局发布的有关文件,以及中国气象局出台的《气象人才发展规划(2022—2035年)》等,是大气科学领域党管人才的具体体现之一。

在大气科学领域坚持党管人才原则,就应做到:

1. 确立人才引领气象事业发展的战略地位,构建科学规范、开放包容、运行高效的人才发展体系。

2. 紧紧围绕振兴气象事业加强对人才队伍建设的谋划,坚持高端引领、整体开发。争取早日涌现出更多建设气象强国所迫切需要的战略人才和拔尖人才。

3. 实事求是、因地制宜,根据不同的发展类型和人才需求,制定有针对性、切实可行的人才政策。

4. 健全全方位人才引进、培养、使用、评价、流动、激励机制,加快构建具有吸引力和竞争力的气象事业人才制度体系,用好用活每个人,不断激发气象人才创新活力和竞争力。

5. 发挥党的政治优势、组织优势和制度优势,不断提高领导者、管理者特别是人才工作者管理和服务各类人才的水平,及时听取人才的意见建议,关心人才的工作生活和健康成长,不断营造具有竞争力的人才生态环境。

6. 在建设气象强国的事业中树立强烈的人才意识,开创人人皆可成才、人人尽展其才的生动局面。

第二节　凝聚人才

凝聚人才就是如鸟归林、海纳百川,就是近者悦远者来。

要凝聚人才,首先要有海纳百川的胸怀,并有求贤若渴的雅量,千方百计揽才,各尽所能兴才。在这过程中,善于发现人才很重要。

一、发现人才

人才是气象事业发展的关键。建设气象强国要拥有更多的人才,首先要发现人才和识别人才,这是"聚才有良方"的重要条件。要做好这一工作,必须要有"周公吐哺"的胸襟、"千金买骨"的气魄、"三顾茅庐"的诚意,善做"伯乐",做到寻觅人才求贤若渴,发现人才若获至宝,举荐人才不拘一格。

发现大气科学人才有几个基本原则和途径。

(一)人才来源广泛

历史唯物主义认为,人民是创造历史的主体,千千万万人民群众是人才最主要的来源。而高素质的群体是人才来源的重点。我国著名气象学家曾庆存、高由禧和黄荣辉均来自普通农民家庭,是大学的培养使他们掌握了气象专业知识和技术,为他们后来所取得的成就打下了很重要的基础。故有大学或职业技术学院学历、经过大气科学专业或与大气科学有关专业训练的人才是大气科学人才来源的主要渠道。

(二)接触面宽

要发现人才,首先接触面要宽,要将"知人"放在很重要的位置上,了解他们的基本情况,了解他们的特点,了解他们的发展潜力和业绩。当年如果没有涂长望的推荐,陈学溶难以到国立中央研究院气象研究所工作,而涂长望对陈学溶很了解,这是前提。

发现人才首先是发现身边的人才,尤其是发现具有潜质的人才。作为一个合格的领导,不应该让身边的人才因暂时的低迷或受到外界争议而被埋没。

要做到接触面宽,除了自己平时注意观察之外,还要虚心倾听同事、朋友的意见。只有"多谋"才能"善断",要有"聚天下英才而用之"的胸怀。民主集中制也是发现人才的重要制度。

(三)有一定标准和条件

对人才的总要求是"德才兼备",但不同行业、不同用途的人才,需要设置不同的条件。如选拔党政干部与选拔科技人员,其侧重点就有所不同。人才的条件是可以融合的。如大气科学属于自然科学类,但与人文科学交叉融合所产生的人才,可能会产生独特的效果。

(四)实践是发现人才的主要途径

发现人才主要通过实践。"疾风知劲草,日久见人心",对于大气科学人才,学历是重要的,但实践能力和实际业绩更重要。

(五)不拘一格

"金无足赤,人无完人""尺有所短,寸有所长",发现大气科学人才,是要发现其有利于事业发展的长处和突出特点,不能求全责备,更不能戴有色眼镜看人。

(六)发现人才的难点

1. 独具慧眼,知人善用,即别人看不到、用不到的人才,被你发现了、起用了。这要有强烈的人才意识,特别是对待一些有个性、有争议的潜人才,更需独特、大胆的视角。

2. 出以公心,即发现人才一定要客观地看到优点和缺点,并做到用人之长,容人之短,甚至化"短"为"长"。

3.多谋善断,即发现人才不仅靠个人,更靠组织,做到个人与集体的有机结合,这样才能避免片面性和表面性。

二、识别人才

识别人才与发现人才近义。有"识才的慧眼"是做好人才工作的重要条件,善于识别人才也是领导者的基本功之一。但人才是不容易识别的。

"知人知面不知心",虽然一个人的品德和能力可以通过许多现象表现出来的,但也会有"假象",就像我们所说的"两面派",当面一套背后一套,短时间内很难看出其真实的德与才,故识别人才往往需要一定的时间考验。同时,人才是会变化的,非人才可以转化为人才,人才也可以转化为非人才。所以,人才不仅需要"伯乐"的发现,也需要依靠自己的表现,并经受多方面实践的考验。

识别人才有很多方法,不仅要看基本资料,如年龄、性别、籍贯、政治面目、学历、家庭、毕业院校和主要经历、主要成果等,而且要通过与本人的交流以及听取他人的评价等方式来了解人才,更重要的是通过实践去考察人才。人无完人,一个人总有缺点和不足,有高峰就有深谷,我们一定要正确判断人才存在哪些不足,但绝对不要求全责备,特别是对一些有突出个性甚至有争议的人,如所谓"怪才""偏才"等,要有礼贤下士、海纳百川的胸怀。毛泽东在他的一生中,有很多精彩的善于识别人才、使用人才的典故,他认为,看一个干部,不仅要看干部的一时一事,还要看他的全部历史和全部工作,这是识别干部的主要方法。中国共产党及其所创立的人民军队能从无到有,从小到大,由弱到强,取得新民主主义革命的胜利,建立了中华人民共和国,并开创了中国特色社会主义事业,这些都与以毛泽东为主要代表的党的第一代集体领导能够"任人唯贤""知人善任"和"团结一切可以团结的人"是分不开的。当然,识才也容易产生偏差,古今中外在这方面有不少深刻教训,如诸葛亮错用马谡从而使蜀军北伐遭受严重挫折,这样的教训永远值得汲取。

当前,以学历、职称、经历、成果和推荐人的推荐来识别人才,仍是主要的做法。学历可以看作是人力资本,成果可以看作是人才资本的重要内容。但人才仍有被埋没的可能。近年来国家积极倡导"揭榜挂帅""赛马"等制度,不设门槛,只要解决问题就是人才。这些制度改革,明显激发了人才的创新活力,促进了杰出创新人才的更多涌现。不少英雄人物,在成为英雄之前,真的是很普通。学历、职称不尽如人意,但成绩相当突出,这样的人才很多。真正建立以创新价值、能力和贡献为导向的人才评价机制,很重要,也任重道远。

识别人才是培养人才、使用人才的基础。如果没有"慧眼识苗",全红婵不可能14岁就获得2021年东京奥运跳水金牌。"天生我材必有用",我们要用好用活每一个人,一定要从识别人才开始。

三、凝聚人才

凝聚人才是发现人才、识别人才的目的。我们只有凝聚人才，才能形成浩浩荡荡的人才大军，从而有效推进各项事业的顺利发展。中国式现代化，是"聚天下英才而用之"的现代化。

水深则鱼聚，林茂则鸟集。凝聚人才，形成"百鸟归林"的局面，关键是提高本单位、本领域的吸引力、凝聚力，即"栽好梧桐树"。事业平台、待遇高地、发展前景、人才环境等均是"梧桐树"的重要内容。物以类聚人以群分，各级气象学会等科技社团本身就是一个个"人才库"，要不断办好这些科技社团并充分发挥他们的作用。凝聚人才与引进人才近义，有关内容可参考本章第四节。

第三节　培养人才

培养人才大致包括两方面。

第一，办好高等院校，源源不断地为社会输送更多高质量、高学历、创新能力强、能适应和引领大气科学事业发展的人才，这种培养是学历性培养。

第二，有关的用人单位要对人才长期进行培训或让人才进行再深造，这种培养是使用性培养。

"蓄电池"理论认为，一个人学历再高，如果不及时充电，不断学习，也会落伍。培训工作要讲求实用、实效，突出结果导向。学历不够的要提升学历水平，学历符合要求的也要不断接受培训。

培养人才也要注意"不拘一格"。如果清华大学的熊庆来教授没有"慧眼"，估计初中毕业的华罗庚后来的发展就会很受限制。著名气象学家周秀骥1950年从上海一所中学毕业后，1951年就在当时位于南京的中国科学院地球物理研究所当练习生，没有本科学历的他得到了所长赵九章的赏识和重点培养，后他到北京大学物理系参加一科研合作项目，1956年9月被破格选送到前苏联留学，1962年获得前苏联数理学副博士学位。我国著名华裔物理学家李政道1943年考入迁到贵州的浙江大学物理系，1944年转入西南联合大学，1946年本科还没毕业就直接到美国芝加哥大学深造，1950年获得该大学博士学位。对于这样的"不拘一格"，在我们追求更多高水平人才的今天，应做得更好。

随着"百年未有之大变局"的到来和我国踏上全面建成社会主义现代化强国新征程，各行各业对高水平人才的需求将明显增加，人才自主培养、全方位培养的重要性将更加突出。人才工作，基础在培养，难点也在培养，但从长远来看，培养是解决人才特别是急需紧缺人才最有效的途径。真正顶用的人才要靠自己培养,更要靠人才本身的自我教育和内在驱动力。

人才的自我教育非常重要。如果人才本身没有提高自己的紧迫感,外因条件再好也是不行的。我们在学习上要发扬雷锋的钉子精神,即"挤劲"和"钻劲",学习时间靠挤,学习方法靠钻。学习一要有信心,二不能泛泛而学,一定要有目标、有重点,如结合工作学习、结合攻克难题学习就是很有效的学习方法。

学习力是一个人的核心竞争力之一,一个人养成一个良好的勤奋学习和珍惜时间的习惯非常重要。每个人每天的时间都是 24 小时,但人与人之间的人生差别往往就在于如何对待时间和如何利用时间,甚至有"成功关键在业余时间"和与"智商""情商"同等重要的"时间商"的说法。任何人工作再忙都有空余的时间,只要善于"挤"和"钻",总可以找到时间学习。多做重要但不一定紧迫的事,努力争取人生的主动。

早立志、早专一、早奋斗,才能早成才。学历起点低没有关系,但如果满足于现状不努力上进,就难以有更好的人生。要鼓励每个气象工作者特别是青年气象工作者根据社会或单位发展需要和个人实际情况来设计自己,早日确定自己的职业生涯规划,不断提高自己的学历水平、职称水平和技能水平,使个人与单位共同成长,走岗位成才的道路,这是最容易得到所在单位领导支持的。单位也要积极创造条件帮助每个职工不断提高。

单位要积极为有上进心、愿意成为大气科学高端人才的青年营造一个良好的成长环境,包括不断提供各种类型的培训机会,通过"请进来、走出去"的方式,让这些青年不仅早日成为一专多能的骨干成员,而且能早日取得创新性成果,为单位发展做出更大贡献。实践是培养人才的基本途径,多种岗位的实际锻炼也是一种很重要的培养。单位要制定人才短期和中长期培养计划,构建年龄结构、学历结构、专业结构合理的大气科学人才队伍梯队。首先,要提升目前团队的学历水平和专业水平,通过持续不断的提升,努力打造一支特别能战斗的团队。其次,要根据单位的人才现状和几年后人才年龄和需求变化进行人才预测,根据预测结果及早进行未来人才培养和储备,如智慧气象所需要的数字人才,掌握关键核心技术所需要的人才等,使人才培养工作走在事业发展的前面。

要使人才培养取得明显效果,要注意以下几方面。

1. 定向培养。建设气象强国需要的人才种类很多,一定要选好对象并相对定向培养,有目标的积累才是最有效的积累,就像培养优秀运动员和大国工匠那样。但外因毕竟只是条件,定向培养是否能成功,还要看培养对象的内因。

2. 交叉培养。交叉培养即多种岗位培养,一专多能。这对于具有国际竞争力的复合型、跨学科人才的成长很有好处。著名气象学家陈学溶一生从事过很多与气象有关的工作岗位,包括气象台观测、研究所研究,以及国内外军事航空气象、民用航空气象以及气象教学科研等,这些岗位上的工作经历,对他后来成为著名气象学家均是重要铺垫。

3. 重点培养。对人才的培养,只有抓住重点才能事半功倍。要重点培养"高精尖缺"人才,如气象方面的大师、战略科学家、战略科技人才、关键核心技术领军人才,以及建设好气象预报、气象服务、气象监测、信息技术、业务支撑五支人才队伍等。

4. 分类培养。气象事业需要的人才是多种多样的,一定要分类对待、精准培养,努力建设一支以大气科学为主体、多种专业有机融合的高素质气象人才队伍。

5. 狠抓落实,讲求实效。人才培养不能说起来重要,做起来次要,更不能走过场,一定要狠抓落实,我们只要发扬笨鸟先飞的精神并长期坚持不懈,一定会收到明显的效果。

培养人才一定要有超前意识,注意培养"未来人才",要预见未来三到五年甚至更长的时间段本单位本系统的人才需求,特别是关键人才的需求,并要有一定的人才储备,这样才能争取主动。如当今时代,许多单位都感到人工智能等数字化人才紧缺,而有的人才又供过于求,这主要就是因为人才培养落后于时代发展。

人才培养最大的障碍往往不是来自组织不重视,而是来自人员不稳定。一些人热衷于"打一枪换一个地方",干一两年就想跳槽,从而影响到用人单位对人才培养的积极性。作为单位职工本身,应该尽快定向发展,争取更多机会来提升自己,不断提高专业水平和就业竞争力,千万不要一事无成。

第四节　引进人才

引进人才是做好人才工作的重要环节。引进人才的前提是先用好现有人才。人才既是第一资源,也是重要成本。当我们感到人才缺乏时,首先要问问自己,是否用好了身边的人才。

引进人才主要是引进气象事业发展最急需的人才,我国多所大气科学学院和科研院所的部分学科带头人就是引进人才,这体现了引进人才的极端重要性。美国之所以有发达的科学技术,善于引进优秀移民特别是引进顶尖人才是其中重要的原因,如国际著名气象学家罗斯贝是瑞典人,但为美国气象事业做出了很大的贡献。

引进人才要讲求实效,即不仅要看学历看能力看成果,还要看是否稳定,并乐意为本单位本系统做出积极贡献。引进人才的难点是如何切实做到不拘一格。我们引进人才主要是引进可以独当一面、早日做出大成果的人,至于人才有个别瑕疵,如学历不是来自名牌大学等,只要不是本质问题,就不是重点。如我国著名农业科学家袁隆平就不是来自名牌大学。

引进人才的渠道很多,主要渠道是国外引进和国内引进。引进人才的前提是

"知人",了解对方的经历、才能、成果和品质等,同时要有一定的政策支持和资金支持。

引进人才关键是要有足够的吸引力。气象事业需要各类人才,但如果没有足够的吸引力,很多人才不一定愿意来,来了也不一定能留得住。引进人才要注意主动出击,而不要被动坐等,通过政策引才、中介引才、以会引才、以情引才,以才引才等多种方式。如美国有独特的移民政策和留学生教育政策,英国通过人才专项签证等政策,如"高潜力人才"签证、"扩增企业"签证、"创新家"签证,吸纳全球顶级科技人才集聚,都是政策引才的范例。

人才引进得好,单位的水平就可以很快上去,一个人才带领一个团队,一个团队引领一个新学科新事业发展的现象比比皆是。但引进人才一定要防止"重引进、轻使用""重引进、轻培养"等倾向。由于不慎引进了一些不合用的人才,而造成单位不应有损失的现象也不少见。

1979 年中山大学地理系气象专业提升为气象系,不久又更名为大气科学系。要将我国华南地区的气象学科点发展好,关键要有人才,特别是要有学科带头人。该系领导通过多种渠道先后引进了中国科学院院士高由禧教授和著名教授王安宇、沈如桂等,采用校内外联合培养的方式,使该系很快形成快速发展的生动局面,如该系陈世训教授编写的《气象学》教材长期被教育部确定为高校气象专业的指定教材,并且多次再版。该系在热带气象学等方面的科学研究和国际交流等也硕果累累,曾经多次举办过气象方面的国际会议等。

2015 年,中山大学大气科学系提升为大气科学学院。该学院在中山大学的大力支持下,在董文杰院长的领导下,抓住"人才强院"这个关键,通过多种渠道引进了国内外各类优秀高层次人才,如杨崧教授、戴永久教授等——其中,戴永久教授很快被评为中国科学院院士——不仅使学院教学科研专职队伍规模迅速扩大,更有力推动了学院的跨越式发展,受到了中国气象局、中国科学院大气物理研究所及中山大学领导和专家的充分肯定。该学院在引进人才方面的主动作为和取得的成效,是我国高校积极引进人才的一个缩影。

2018 年至 2022 年,中山大学根据国家发展战略需求增设了十几个学院,通过实行"人才倍增"计划,有力促进了中山大学的跨越式发展。中山大学的引才经验是,事业引才、待遇引才、平台引才、信心引才和文化引才等。

复旦大学人事处陈志强认为,引进人才要注意下面几点。

1.在引进人才站位上突出战略高度。

2.在引进人才理念上突出全球视野。

3.在引进人才目标上突出各国所需。

4.在引进人才政策上突出积极开放。

5.在引进人才重心上突出面向未来。

第五节 使用人才

当今社会,"人才不够用""人才不适用"和"人才没用好"的现象并存。而人才关键是使用。我国人才发展战略的指导方针之一是"以用为本、服务发展","人尽其才"是先进社会制度的重要体现,也是国家兴旺发达的重要条件之一,善于用人也是领导者的主要职责之一。只有善于使用人才,人才引领发展的价值才能充分发挥出来,并与人才引进、人才培养等形成良性循环。

"人既尽其才,则百事俱举",高明的领导者,应该是人尽其才的高手,他应善于盘活手下的各类人力资源,"劳于用人,逸于治事",选准人才,依职授权,合理放权,把那些该下级负责的工作交给部下去做,自己腾出更多的时间精力去抓全局、议大事、解难题,营造"人人有事干,人人乐于干事"的氛围。

人才使用是将合适的人放在合适的岗位或舞台上,并通过激励等手段,使人才在实践活动中尽可能充分发挥作用、实现价值、提升素质的活动过程。人才用起来是生产力,用活用准了才有创新力。

正确使用人才,就是要坚持正确的人才使用原则,掌握科学的人才使用方法,创造良好的人才使用条件,推动人才使用中的再开发。

一、人才使用的原则

人才使用上主要有任人唯贤、尊重信任、竞争、激励等原则,以及各方面人才一起抓、用其所长、用当其时、用其所愿、用给适位、用养并重等原则。在这里重点谈谈用其所长等几个原则。

1. 各方面人才一起抓。即不仅要用好中青年人才,也不要忽视老龄人才;不仅要用好海归人才,也不要忽视本土人才;不仅要用好科技人才,也不要忽视管理人才等。

2. 用其所长。指在使用人才时,按照人才的特长和能力来安排工作,扬长避短,各尽其才,即知人善任、量才适用。只有坚持用人所长,才能够最广泛地发掘、任用人才,不然就发掘不了人才,并可能埋没大量优秀人才。唐太宗曾说过:"君子用人如器,各取所长。"这说明我国古代的领导者已懂得用人所长的道理。用人所长,把人才安排在最能发挥其作用的位置上,做到优势定位,适才适用,发挥人才的长处,使人才各得其所,才能够真正推进事业的发展。

3. 用当其时。指使用人才一定要及时,特别是要在人才年富力强、精力充沛的年龄段或在其最佳成才年龄段。人误地一天,地误人仅一年,如果耽误了人才使用,那就可能耽误了人才的一生,甚至耽误了事业的发展。这方面的教训是很多的。

4. 用其所愿。指使用人才之前最好先征求人才本人的意见,使个人意愿和单位事业发展需要有机统一起来。兴趣是最好的老师,如果一项工作不仅是单位的需要,也是个人的兴趣,那人才工作起来将会如虎添翼。当然,作为人才本身,也要增强组织纪律观念,当单位需要和个人兴趣发生矛盾时,首先要服从国家需要或单位需要,并在新的工作岗位上培养新的兴趣,或在服从组织需要的同时保留个人兴趣。

5. 用给适位。指人才一定要在合适的位置、合适的舞台上才能做出贡献。假如当年刘备不请诸葛亮出山,诸葛亮的一生估计也难有什么作为。

6. 用养并重。指人才使用中不能只用才,更要爱才、护才和养才,做到培养和使用兼顾,以保持人才活力和潜能。

坚持人才用养并重的原则,既要靠领导重视,也要靠人才自身的努力。一方面人才自身要对学习、学习再学习充满紧迫感和"本领恐慌"感,要认识到自己的知识、才能如果不及时更新和提高,就难以适应时代发展的要求,甚至会被淘汰;另一方面,对单位而言,人才使用最忌讳的是只使用不充电,全凭人才自我生长。养才也包括关心人才的身体健康和家庭幸福。

养才很重要,爱才护才也很重要。在现实生活中,不仅"整人"的现象时有发生,而且一些无中生有的流言蜚语也伤害了不少人,以致有"人言可畏"的感叹。作为领导,一定要对属下的人才有一个基本的估计,关心人才,信任人才,大胆使用人才,而不要随便怀疑甚至伤害一个人。

二、人才使用的特点

(一)层次性

人才使用的层次性,是指人才使用者根据人才的层次,授予一定的权力和责任,提供一定的条件,使每个层次的人才都能充分发挥自己的作用。一个高明的领导者用人,就在于能够进行层次性管理,大材大用,小材小用,做到人尽其才,才尽其用。没有一个"废"才,这是人才使用的一大诀窍。因此,在人才使用中,我们应坚持"两点论"和"重点论"辩证统一的观点,既要客观全面地衡量和识别人才,又要肯定人才的主要方面,不求全责备。是什么层次的人才,就要把他安排在什么层次的位置上。同时,也应根据情况的变化,动态地使用人才,在使用人才的过程中提高人才的等级。单位在进行工作职位设计时应体现层次性的特点,也就是说在对某一工作职位的性质、内容、责任大小等进行合理分析的基础上,在人事安排上注意对人才分出层次、区分类别,选择和安排不同类型、资质和能力的人才,并推动人才的流动和晋升,以确保人才使用恰当到位。而"唯学历、唯职称、唯身份"的评价制度将导致无法客观评价人才和使用人才,如我国著名气象学家涂长望在英国利物浦大学攻读地理学博士学位时(1927 年),还差几个月就取得博士学位了,但竺可桢负责的国立中央研究院气象研究所迫切需要人才,涂长望毅然听从召唤放弃博士学位而回国;我国另一著名气象学家顾震潮 1950 年正在瑞典斯德哥尔摩大学攻读研究生,也是因知悉国内气象工作"人才缺乏",便放弃即将获得的博士学位,回国参加新中国建设。然而,没有博士学位并不影响他们后来成为我国杰出气象学家。

(二)专业性

人才使用的专业性,是指要根据人才的专业、特长进行使用。现代科学出现了高度分化和高度综合的趋势,学科越分越细,愈分愈多。我们要求人才知识面要宽,但更要求人才在某领域要专,现代人才应是"T"字型人才,既适应面广又能在某领域有突出专长,解决别人解决不了的问题。因此,在人才使用上必须呈现专业性,即"术业有专攻"。用其所长就是用其最擅长的才能,而人的才能只能来源于特定专业(行业)领域的认识和长期实践。

(三)差异性

人才使用的差异性,指按照人才在类型、等级等方面的差异进行合理使用。人才差异是客观存在的,由于人的经历不同,主观能动性不同,生理条件不同,不仅人的知识结构存在差异,人的性格也存在差异。有的人才是"杂家型",有的人才是"专家型",有的人才是属于既知识面较宽、又在某个专业方向有较深造诣的"复合型"人才;有的人才的性格是外向型的,有的人才是内向型的。总而言之,人才具有不同的能力与素质,领导者切不可不加区分。必须要有差异地使用,人才才能在不同岗位上发挥各自不同的作用。正如清代诗人顾嗣协所形容的:"骏马能历险,犁田不如牛;坚车能载物,渡河不如舟。舍长以求短,智者难为谋。生材贵适用,慎勿多苛求。"努力用活用好每个下属,是领导者做好工作的基本原则和艺术之一。培养一个人才不容易,要鼓励他们大胆实践、勇于创新。在实践中遭遇挫折和失败是难免的,作为领导要理解和容忍,并不断总结经验教训,绝对不能"急功近利"。另外,我们不能以是否"听话"作为衡量人才的主要标准。人才是可以为国家和单位创造较大价值的人,但往往也是有一定主见甚至不一定很"听话"的人。优点突出的人往往缺点也突出,我们只能追求班子或团队的尽量完善。《西游记》的诸多角色中,唐僧、孙悟空、沙僧和猪八戒都各有长短,其中孙悟空的突出"缺点"更是让唐僧多次不能容忍,但缺少了孙悟空,西天取经绝对不能"成事",缺少了谁都成不了一部完整的《西游记》。

（四）发展性

发展,是指事物由小到大、由弱到强、由低到高的运动变化过程。人才使用的发展性,是指根据人才的动态发展变化予以使用,并在使用的过程中使其价值得到进一步显现和提升。人才使用既要对人才已被发现的才能合理利用,还要对其潜在的才能进行合理挖掘和开发。同时,人才的发展既要有个体的发展,也要有整体的发展,即各类人才的协调发展。如陶诗言是我国第一批本土培养的气象专业本科毕业生,在多方面的帮助和个人的努力下,他最终成长为我国著名的气象学家,这就是人才的发展性。如果我国的教育和人才政策能真正让人才自由而充分地发展,中国的大师级人才就一定可以如雨后春笋般涌现。

三、人才使用的正确理念

使用人才各尽其能,努力盘活用好现有的人才资源,切实避免现有人才的流失、闲置和浪费,给人才提供更多的机会,使更多的人才实现自身价值,这是各项事业发展的迫切需要。要做到这一点,不断优化人才发展环境是十分重要的。

人才发展的活力既取决于机制又离不开人才生态环境的优化。人才生态环境主要包括经济环境、生活环境和心理环境等,即是否鼓励人人都多做贡献,人人都能积极创新,大家相互理解和支持的氛围和良好的激励机制。正确使用人才的具体理念有:

1. 任人唯贤,其反面是任人唯亲;
2. 人尽其才,其反面是"武大郎开店";
3. 选贤用能,用当其时,其反面是论资排辈;
4. 用人所长,其反面是求全责备;
5. 优质优价,其反面是"不患寡而患不均";
6. 引、用、育、留并重,其反面是"重引进、轻使用"和"重使用、轻培养";
7. 任其所宜,其反面是"大材小用"或"小材大用";
8. 全方位用好人才。

四、人才使用的主要方法

目标激励法、考评鞭策法、情感感染法、环境优化法和政策导向法等。

五、人才使用的主要条件

外部条件对人才的工作情绪、工作效率、创造力和自身成长有很大影响,也是吸引人才的重要因素。作为部门和单位,应当尽可能地为人才创造良好宽松的物质条件、精神条件和制度条件,让人才在享有较好条件的基础上,使他们人尽其才,才尽其用。

(一)物质条件

物质条件是人类生存和发展的基础,不断追求更幸福更高品质的生活也是个人奋斗的重要动力。当年陈学溶报考中央研究院气象研究所第三届气象训练班的直接动机,就是找一份工作,减轻家庭负担。当今时代,待遇高低仍是人才价值大小的重要体现。

(二)精神条件

在一定条件下,理想信念等精神条件是主要的。当年竺可桢学成回国,祖国的近代气象事业几乎完全是一片荒地,如果对振兴国家的气象事业没有高度责任感,竺可桢的一生不可能取得如此巨大的成就。我国的气象事业,总体上仍然是追赶型的,更要以笨鸟先飞、急起直追的精神状态,弘扬以竺可桢、曾庆存等为代表的大气科学家精神,勇于攀登大气科学的"珠穆朗玛峰"。

(三)制度条件

人才竞争的背后是制度竞争。体制顺、机制活,则人才聚、事业兴。美国曾吸引了世界上众多优秀人才,这与美国这方面的制度如移民制度、专利制度等有很大关系。气象事业的振兴要"聚天下英才而用之",一定要在有利于吸引人才的制度上多费心,建立和完善与高效使用人才有关的制度。有的单位提出要改革人才管理制度,落实"向用人单位放权、为人才松绑",赋予用人单位更大自主权,允许用人单位自主界定特殊领域高层次人才、允许用人单位在岗位结构比例内自行调整岗位设置等。为了提高人才使用效率,破除部门内外人才使用障碍,围绕"卡脖子"技术攻关需要,有的行业又积极探索建立跨层级、跨单位调配优秀人才工作机制,从而推动了项目、人才、资金一体化配置。以上这些经验都值得借鉴。

及时做好各类大学生就业工作也是有效使用人才的重要方面。

第六节　评价人才

正确评价人才很重要,甚至被称为让人才发挥作用的"指挥棒"。人力资源管理将其称为"绩效考核"。大气科学领域需要努力构建具有气象行业特色和岗位特点的人才评价体系。

评价人才的基本原则主要有以下几方面。

一、实事求是

要做到实事求是地评价人才,要保证评价的客观性、全面性和历史性。

(一)客观性

只有尊重事实才能尊重真理,一切根据和符合于客观事实的思想都是正确的思想。客观性是唯物主义的基本要求。客观就是一个人的能力和业绩不会因为某些人的主观臆想、感情用事和以偏概全而被否定。客观性的反面是主观性。客观性还包括评价标准要符合行业或专业的特点,人才业绩是否被业内认可是重要辨别标准。

(二)全面性

全面性就是要坚持全面看待一个人,不要犯"盲人摸象"的错误。不仅要看一个人的一时一事,而且要看这个人的全部历史和全部工作。全面性的反面是片面性。

(三)历史性

就是评价一个人要放在当时的历史条件去看,不能以现在的眼光去评价过去的人。对于中外一切历史文化遗产的评价也是如此。

除了要做到实事求是,还要注意,行业不同、类别不同,评价指标等也不同。比如,有专家提出,对科技人才的评价要实施动态跟踪和调整,注重个人评价和团队评价相结合,强化过程评价和结果评价相衔接,适当延长基础研究人才和青年人才的评价考核周期等。

二、看主流,不求全责备

"金无足赤,人无完人",在现实生活中,没有一个人是"完人",对于人的评价,主要是看主流,看业绩,看贡献,看是否符合历史发展方向。对于不足,只要不是本质问题,原则问题,就不必过于认真,甚至可以忽略不计。优点突出的人往往缺点也会突出,领导者如果过于"求全责备",很可能身边就没有一个可用的人。以创新价值、能力和贡献为导向,就是以创新贡献大小、以实际成果多少作为评价的主流。

三、看发展,不"论资排辈"

年轻人是各项事业未来的希望,青年时期也是创造力最旺盛的阶段,许多发明创造都出自年轻人。年轻人处在成长阶段,会有许多不成熟,但不要紧,只要他是愿意做好工作的,愿意积极向上的,我们就要肯定,并热情帮助他、扶持他,千万不要一味地"论资排辈",这样会影响人的一生。著名物理学家爱因斯坦三岁时还不会说话。上小学时,成绩也并不理想,经常遭到老师的处罚和同学们的嘲笑。上中学后,他除了数学和物理之外的其他课程成绩都很差,以致遭到学校给予的退学处分。如果是"求全责备"和"论资排辈",爱因斯坦肯定会被埋没。

四、减少误解

误解就是不能正确评价人才。误解就是本来人才是在做贡献,领导却误认为他表现不好甚至是在干坏事,使人才感到"委屈",感到"吃力不讨好",甚至由此走向消极,使我们的事业遭受损失。

在现实生活中,误解的现象大量存在。如动不动就给人扣上"动机不纯""假积极""不务正业"等帽子,打击人才的工作积极性和创造性。凡是人才,都是愿意做贡献的人,但往往很多重要贡献是在业余时间干出来的,一些发明创造也往往不是在本职工作上取得的,"有心栽花花不开,无心插柳柳成行"的事情经常发生。领导者要有珍惜人才的意识,对于勤奋努力但遭受非议的人,对于敢于直言的人,对于曾顶撞自己的人,都不要随便下结论,而要冷静分析,深入调查,亲自与其本人交谈,才能做出正确的判断。

作为一个领导者,要始终做到客观、全面地评价一个人是不容易的,他必须出于公心,必须善于透过现象看到本质,必须要有一个对人才基本的信任度。对一些非议要重证据,注意调查研究和分析,少些简单粗暴,更不能以权势压人和打击报复。只要领导者们都能做到比较客观全面地评价人才,多鼓励、多支持、少责备,人才的"正能量"就会得到充分发挥,单位也能形成"近者悦,远者来"的可喜局面。

减少误解,还指要尽量减少学术团体内容易产生的"内耗"和"文人相轻"现象,注意取长补短、团结奋斗。

建立和完善良好的评价机制是做好人才评价工作的根本。

创新是第一动力。随着中国式现代化的积极推进,加快建立以创新价值、能力、贡献为导向的人才评价体系是必然趋势。

激励人才与评价人才相似。如果对人才的评价是准确的、正面的,一定会起到重要的激励作用,如著名气象学家叶笃正、曾庆存先后获得国家最高科学技术奖,无疑对于中国大气科学的发展具有巨大激励作用。

人才本身也要正确对待各类误解和批评,经得起各种风雨,做到"宠辱不惊,看庭前花开花落;去留无意,望天上云卷云舒",保持"永远进击"的精神状态,不能陷入心理上的脆弱。

第七节　留住人才

一、意义

在鼓励人才合理流动和双向选择的用工制度下,留住人才对气象事业加快振兴具有十分重要的意义。大气科学领域部分基层单位不同程度存在着进人难、留人难等问题,特别是由于大气科学的部分研究属于基础研究,而基础研究具有周期长、见效慢、风险大等特点,要确保在这个领域早日出成果,特别是出大的成果,一定要确保队伍相对稳定,只有队伍稳,才能事业兴。

影响留住人才的主要因素有以下几个方面。

(一)对专业的认识和兴趣

知之深才能爱之切。充分认识到大气科学事业的极端重要性,立志献身大气科学事业,牢固树立专业兴趣,才能无论遇到什么诱惑什么困难,都坚定不移从事大气科学事业并做出成绩。

"三百六十行,行行出状元",对于立志成才者,"因势而变""顺势成才"是重要的成才规律,"安、专、迷"也是成才的重要途径。无论干什么,只有做到安心、专心、有恒心,才能有所作为,故在人生的道路上频繁跳槽不可取,错失机遇更不应该。各行各业都有其重要性,一个人是否有作为,不在于你干什么,而在于要干出名堂干到极致,努力成为本领域的杰出人才。当今时代我国不缺少一般人才,而缺少紧缺人才、拔尖人才和世界级人才等,这些人才"朝三暮四"是无法锤炼出来的。在建设气象强国的历史大潮中,切实认识到大气科学事业的重要意义,将"要我来"变成"我要来",早日将促进大气科学发展作为自己的人生事业,做好长期为大气科学发展努力工作的思想准备,立志攀登大气科学的"珠穆朗玛峰",才有可能成为符合时代要求的大气科学杰出人才。

(二)薪酬待遇

薪酬待遇确实是影响人才稳定的很重要条件,但不是唯一条件。人才是德才兼备、学历较高、有突出才能并能为单位带来更大效益的人,是属于单位的稀缺资源,也是同行业争夺的重点。按照优质优价、多劳多得的原则,对人才在经济上给予更高的待遇是很有必要的。如果单位有条件提高待遇而不提高,或在分配上不公平不合理,是很容易造成"伤人心"而导致人才流失的。

职称评定也是影响大气科学人才成长的重要方面,职称不仅代表了一个人真才实学的水平,体现了其人生价值,而且也与待遇高低挂钩。但作为个人要对职称评定的条件有清醒的认识,要正确对待职称评定结果,经得起各种考验。

气象事业的"根"在基层。解决好基层人才队伍建设中的薪酬待遇问题,也是有效调动基层大气科学人才积极性的重要方面。

作为人才本身,也要讲对国家、对事业的忠诚度,提倡主人翁精神,把待遇作为人生事业发展的唯一指挥棒是不明智的。创业往往是艰苦的,甚至要做出自我牺牲。马克思当年为了创立马克思主义这一全新的学说,宁可跟妻子燕妮一起过很贫困的生活,我们要学习和发扬这种甘于为事业而奉献的精神。

(三)事业平台

吴玉章有句名言:人生在世,事业为重。人才的奋斗不仅仅是为了待遇的提高,生活的改善,更重要的是实现人生价值,成就一番事业。事业心特别强,愿意接受具有挑战性的工作,是许多卓越人才的共同特点。只有当别人解决不了的问题你可以解决,别人不能担当的事你可以担当,人才才能体现出自己的价值和特色,如在大气科学领域你能发现一个新定理创立一个新理论,或发明一个新仪器实现新突破等。作为单位的领导者,一定要为人才的发展提供合适的岗位,搭建合适的平台,并根据其才能的发展及时交给更重的担子。

大气科学领域有的单位留人难,是因为人才发展空间有限,这个要具体分析。人才应力求实现组织发展和个人发展的统一。我国大气科学人才总体上仍是供给不足,建设气象强国的宏伟目标为每个大气人提供了更广阔的发展平台和晋升途径;但作为个人,也要乐意去气象事业发展最需要的地方,并脚踏实地,认真做好每个岗位的工作,在多方面得到锻炼,不断充实自己,同时主动拓展自己的发展空间,无论在什么情况下,人才都不要自己埋没自己。

(四)信任和尊重

人才需要奋斗,也需要关心和激励。对于人才成长来说,领导的信任、关心、尊重以及有一个良好的成长环境都是关键条件,如竺可桢多次受到毛主席、周总理的接见,他因此受到极大的鼓励,做到了坚定不移跟党走。

信任对于人才成长来说非常重要,"用人不疑,疑人不用",在现实生活中,捕风捉影、无中生有的议论,会伤害很多人。对人才一定要信任,但也要严格要求和实施必要的监督,对他们身上较为突出的不足,要提出善意的批评。要通过制度管人才,做到既有信任鼓励也有监督,督促人才既要勤政也要廉洁,既要勇于担当,又要干净做事。

关心对于人才成长来说也是很重要的。关心主要是工作上的关心、生活上的关心和政治上的关心。工作上的关心主要是对其工作方向、工作业绩和工作条件的关心,以及职业生涯发展途径的指引等。生活上的关心主要是对其身心健康的关心,对福利待遇的关心和对其家庭的关心。政治上的关心主要是对其政治上进步的关心。1961年中山大学地理系设立了气象专业,当时的学科主要创始人陈世训教授对青年教师不仅积极鼓励,推动他们继续深造,而且在生活上很关心他们。当时张正恒从青岛山东海洋学院毕业,进了中山大学地理系,他新婚后遇到住房困难,陈世训教授腾出自己的房子让他们夫妇住了一段时间。这样的"小事"让张正恒这样的青年教师铭记了一辈子,也激励了他们勤勤恳恳为中山大学的发展奉献了一辈子。如果各级领导对各类人才特别是青年人才的关心多些,使他们的生活条件改善些,人才的积极性和能力提升速度会明显提高,甚至"不用扬鞭自奋蹄"。

事业留人、感情留人、待遇留人、政策留人、文化留人等,是许多单位的成功做法。

留住人才不等于人才不流动,适当的人才流动对于培养高水平跨学科人才是有益的。非大气科学专业的人才流动到大气科学领域有可能会产生意想不到的成果,如挪威著名气象学家卡尔·皮叶克尼斯原是一位流体动力学家,如信息技术专业的人才转到大气科学领域等,大气科学专业的大学毕业生走向各行各业,对于提高其他行业气象知识水平和防灾救灾水平也是有帮助的。就是在同一个单位,一定比例(5%左右)的人才流动对于单位不断更新人才队伍应该是好事。

留住人才,主要是指留住骨干人才、核心人才。人才产生不稳定心态甚至要执意离开这个单位,应该有一个过程,如工作注意力不集中,请假过多,牢骚话较多等。发现不稳定苗头,要及时采取措施,如直接或间接跟人才本人沟通,了解他的真实想法,并分析这些想法哪些是因对单位不满所引起的。对骨干人才,一定要再三挽留,如再三挽留不成功,在人才离开单位之前要很好听取他对单位工作的意见和建议,也要对准备离开单位的人才表示欢迎其有机会多回来。留住人才,更重要的是留住人才的心,人才无论是直接还是间接为大气科学发展作贡献,都是欢迎的。只有珍惜人才、善待成员才能留住人才。"领导把我当牛看,我把自己当人看;领导把我当人看,我把自己当牛看",要真正做到"以人为本",努力维护人才的合法权益。当我们感到人才流失严重的时候,我们应该好好问问自己,我们对下属关心得如何? 了解得如何? 他们不愿意留在这个单位工作的主要原因是什么?

另外,制度管人是现代管理的基本方法之一,要做好人才资源管理工作,一定要建立健全有关规章制度并切实加以落实。如岗位责任制、绩效考核制度等。中山大学通过构建完善的专业技术人员职业发展体系和管理人员成长体系,对于稳定人才、激发人才创新活力等均收到明显效果。

一定的思想政治工作是很有必要的,如果一个人本身具有高度的责任感,或通过思想工作而真正认识到加快发展大气科学是"国之大者"之一,并将其看作是自己的人生使命,他是不会太计较工作环境和生活环境的好些或差些。

第八节 管理人才

管理人才就是引导人才健康成长、不要"出事",并充分发挥作用。在现实中,领导干部或颇有造诣的专业技术人才因为"贪"和"违法"而落马时有所闻,这不仅给国家带来了很大损失,对个人也是一件很遗憾的事。

管理人才是党管人才的题中之义,也是人力资源管理的重要内容。

"用人不疑,疑人不用",这句话是鼓励领导放手让下属充分发挥作用的,但现实告诉我们,如果不经常对人才进行教育和有效管理,并进行必要的监督,积极营造不敢腐、不能腐、不想腐的氛围,是对人才不负责任。

管理人才的基本途径是教育、制度和监督。

一、教育

教育包括自我教育、组织教育、群众教育和现实教育。

(一)自我教育

自我教育是人才成长的基本途径。"慎独""防微杜渐""自我革命"等均是党对党员的基本要求;"手莫伸,伸手必被捉",这是陈毅元帅著名的自警句。"戒贪、戒懒、戒虚"是许多领导干部的座右铭。人才的核心是贡献较大,如果走向了反面,人才也就转化为非人才了。

(二)组织教育

"党管人才"是我国的基本人才制度,组织是人才健康成长的主要引路人,要充分发挥党政工团妇组织的重要作用,多管齐下,引导更多的人走立志成才、岗位成才的道路,同时用好管好现有的人才。许多"落马"干部的深刻教训之一就是不珍惜组织教育,如党员不参加组织生活、不重视组织提醒等。

(三)群众教育

"群众的眼睛是雪亮的",群众对人才的优缺点往往都比较清楚,群众不仅是人才成长的肥沃土壤,也是监督人才的重要力量。

(四)现实教育

实践是人才成长的主要途径,调查研究是干部成长的重要工作方法,现实教育是最有效的教育。改革开放以来,人民是通过生活水平明显提高这一现实才进一步坚定了跟着党走中国特色社会主义道路的信念。

二、制度

制度是保证人才健康成长的基本管理方法,制度应包括考察制度、选拔制度、制约制度等内容。内部控制制度就是一个较好的制度,尤其要注意建立"不敢腐、不能腐、不想腐"的廉洁自律的长效机制,逐步达到"无为而治"。

三、监督

监督人才是必须的,监督人才就是爱护人才。作为人才,受到组织的重用、群众的拥护,这本来是好事,但一定要谦虚,要虚心接受组织和群众的监督,防微杜渐,做一个让党和人民放心的人才,否则也可能会变成"反面教材"。陈毅元帅要求自己的人生要开好"三会",即入党通表会、民主生活会和追悼会,这值得每个大气科学人才的借鉴。

第九节　保护人才

一、力戒"左"和"右"的倾向

邓小平曾精辟指出,要警惕"右",但主要是防止"左"。"右"就是只讲"江湖义气""个人利益",无原则纵容;只讲不利条件,不讲主观能动性,对本来可以实现的目标却瞻前顾后,由此丧失了机遇等。

"左"的表现形式之一是将朋友当作敌人,这与党一直倡导的"团结一切可以团结的人"是相违背的。

"左"的表现还有求全责备,"一过定终身";只讲革命精神,不顾客观规律;只讲必要性,不考虑可行性和历史阶段等。保护人才,还要注意尽可能让人才做他能创造最大价值的事。同时,注意他们的身体健康和安全。人才因劳累过度突发急病,或遇到车祸等安全事故,导致英年早逝,这样的例子并不少。

保护人才的另一个重要方面就是人才自己保护自己,无论遇到什么挫折,都要坚强,更要珍惜自己的生命。个人始终要坚持"健康第一",在身体好的前提下才能多做工作,如李宪之、陈学溶和李良骐等著名气象学家,一生虽遇不少风雨,但不仅能做到生命不息、探索不止,而且也很高寿。

二、关心爱护青年一代

青年是社会中最有活力、最有创新精神的力量,是建设气象强国的生力军和未来,关心青年人的成长并充分发挥他们的重要作用,是党的优良传统,也是建设气象强国的迫切需要。保护人才,重点是爱护青年气象科技人才,让他们更快更健康成长。

周总理有句名言:"谁赢得了青年,谁就赢得了未来。"保护人才,最重要的是在人才没有成名之前的"雪中送炭",如我国著名气象学家丁一汇1957年7月进入北京大学地球物理系天气动力学专业学习,大学期间,他差点因为色弱被该系退学,但他坚持要学气象学,后来通过当时的副系主任谢义炳的特殊考核才留下,由此保护了一位后来的杰出气象学家。

案例

洛伦兹与"混沌理论"

1963年洛伦兹提出了"混沌理论",这一理论拥有巨大的影响力,其主要精神是,在混沌系统中,初始条件的微小变化,可能造成后续长期而巨大的连锁反应。此理论最为人所知的论述之一是"蝴蝶效应":"一只蝴蝶在巴西轻拍翅膀,会使更多蝴蝶跟着一起振翅,最后将有数千只蝴蝶跟着那只蝴蝶一同挥动翅膀,结果可能导致一个月后在美国德州发生一场龙卷风。"

洛伦兹发现"混沌理论"的过程颇具戏剧性,也可以算是混混沌沌中发现的。1961年冬季的一天,洛伦兹在计算机上进行关于天气预报的计算。为了考察一个很长的序列,他走了一条捷径,没有从头运行,而是从中途开始。他把上次的输出结果直接作为计算的初值,然后他穿过大厅下楼去喝咖啡。一小时后他回来时,发生了出乎意料的事。

第一次的计算机运算结果,打印只显示到小数点后三位,而非完整的小数点后六位,这个远小于千分之一的差异,造成第二次的仿真结果和第一次完全不同。在短时间内,相似性完全消失了。进一步的计算表明,输入的细微差异可能很快成为输出的巨大差别。

洛伦兹从这个惊人的结果发现,准确预测天气只是人类的幻想,进而揭示出混沌现象具有不可预言性和对初始条件的极端敏感依赖性这两个基本特点。洛伦兹最初使用"海鸥效应"来形容这种现象,不过这并不是一个完全新颖的比喻:爱伦·坡曾声称人们挥着手可能会影响大气条件。但洛伦兹是第一个对此进行系统思考并形成新的理论的人。他把这一发现写成研究论文,于 1963 年出版,并于 1972 年正式提出"蝴蝶效应"这一著名的名词。

另外洛伦兹所提出的"决定性混沌(Deterministic Chaos)"被指是自牛顿以来又一引人注目的人类自然观的"进化论",他因此于 1991 年获颁基础科学京都奖。洛伦兹认为:人类本身都是非线性的:与传统的想法相反,健康人的脑电图和心脏跳动并不是规则的,而是混沌的,混沌正是生命力的表现,混沌系统对外界的刺激反应,比非混沌系统快得多。

科学家们对混沌理论评价很高,认为混沌学是物理学发生的第三次革命,它与相对论、量子力学同被列为 20 世纪的最伟大发现之一。如今,混沌理论已被广泛应用于各个领域,如商业周期研究、动物种群动力学、流体运动、行星运转轨道、半导体电流、医学预测及军事科学等。

第七章　大气科学人才的宏观管理

第一节　坚定不移地实施好科教兴国战略

　　加快建设好气象强国对于我们全面建成社会主义现代化强国具有十分重要的意义。要加快建设好气象强国,关键是人才,人才的背后是教育、科技和创新。

　　中国的近现代气象事业起步时间与西方国家存在较大差距。1916年我国拥有了第一份具有现代意义上的气象记录,但当时国内气象站都是西方人建立的。政府的腐败、政治体制的缺陷、资金的缺乏以及科学教育事业的落后,导致了大气科学人才严重匮乏。直到竺可桢等留学人员回国,及1928年中央研究院气象研究所成立,1933年竺可桢的专著《气象学》出版,这种局面才开始逐步改变。但总体上来说,那一时期我国气象事业的进步是缓慢的,到中华人民共和国成立前,我国的气象台(站)只有101个。1949年中华人民共和国成立后,党和政府提出"向科学进军""急起直追"等战略思想,中国的气象事业有了长足发展。党的十一届三中全会后,科教兴国成为国策之一,我国的高等教育事业和科学研究事业才真正大踏步前进,具有本科毕业以上学历的大气科学专业人才特别是高层次人才显著增加,大气科学方面的科学研究成果丰硕,中国与西方发达国家在大气科学方面的差距明显缩小,有的领域已走在世界的前列。大气科学对国家重大需求和人民幸福生活的贡献率也越来越大,并正在努力建设气象强国,这是我们坚定不移走中国特色社会主义道路,始终不渝贯彻科教兴国战略的结果。

　　教育、科技和人才是引领中国走向现代化的最重要条件。大气科学的科学研究,既有基础研究,更有应用研究。科教要有效兴国,必须处理好普及和提高的关系、产学研紧密结合的关系、培养人才和科学研究的关系。我们既迫切需要更多的世界级大气科学家,也需要解决各行业各地区不协调不充分的问题。只要我们永远保持"急起直追"的干劲,坚持不懈地坚持科教兴国战略,建设气象强国的目标一定可以早日实现。

　　成为气象强国的重要条件是构建科技领先、监测精密、预报准确、服务精细、人民满意的现代气象体系,并且要有一支以大气科学为主体、多种专业有机融合的高素质气象人才队伍,有一批站在气象科技发展最前沿、具有深厚学术造诣和卓越科技组织领导才能的战略科技人才及跨学科人才,重点是气象预报、气象服务、气象监测、信息技术、业务支撑五支人才队伍,努力形成在国际气象界具有比较优势的气象人才高地。要早日实现这个目标,各有关研究型大学要明显提高培养大气科学专业硕士、博士的比例,每所高校都要明显提高所培养人才的创新能力。同时,加强对基层气象工作者的培训,鼓励他们结合工作开展多种形式的创新活动,走岗位成才的道路。

第二节　聚精会神发展大气科学

人类第一次天气预报是在 1861 年,美国建立全国专门的气象机构(美国国家气象局的前身)是在 1870 年。如果从 1913 年北京中央观象台气象科成立、1928 年中央研究院气象研究所成立后,中国能够一直聚精会神发展中国的大气科学,中国的大气科学水平与美国等欧美发达国家的差距一定不会一度很大。1937 年日本开始全面侵华,并叫嚣"三个月内灭亡中国",在抗日战争期间,西南联合大学坚持设立地质地理气象系,1944 年中央大学建立气象系,这体现了中华民族坚定不移发展科学教育的不屈不挠精神。

1949 年中华人民共和国成立后,党和政府提出"向科学进军"等口号,并制定了我国发展科学技术的多个五年规划,国家和各省(自治区、直辖市)逐步建立了气象局和气象学会,气象站如雨后春笋般涌现,建立了南京气象学院和成都气象学院,更多的高校设立了气象专业等。但也有过一些令人痛心的曲折,导致教育、科研一度停滞。

党的十一届三中全会后,科教兴国成为基本国策之一,我国的高等教育事业和科学研究事业才又大踏步前进,一些新的干扰也出现了,如"搞导弹的不如卖茶叶蛋的""高校墙内外差距不断扩大"等言论,让一些大学生变得重于追求物质利益。

在未来的前进道路上,各种干扰和诱惑依然会不少。当今时代,国家迫切需要尽快培养出更多更高水平甚至世界级创新人才,而如果大学生对学习大气科学没有浓厚兴趣,仅是认为有了文凭好找工作,或是仅掌握了学校所要求的书本知识,没有深入钻研,更没有创新,都难以成为大气科学的人才。多个国家最高科学技术奖获得者的体会是"一生只做一件事",但这"事"是"追求卓越"的事、"有重大突破"的事,也是有利于党和人民的大事。如中山大学大气科学系高由禧院士,大学毕业后一生只干气象事业,在高原气象特别是青藏高原气象等领域做出了突出贡献,1980 年被评为中国科学院院士。一心一意,心无旁骛,还有一层意思,这就是坚守大气科学人的做人做事的特色和准则,热爱自己的事业,做一个大气的人,做大气的事。耐得寂寞,耐得烦恼,淡泊名利,荣辱不惊,人生大气磅礴,乱云飞渡仍从容。学习大气科学的人也应对工作对事业特别认真,无论最终从事什么行业,"追求卓越"都是同样的要求。

作为大气科学的专业学校和相关学院(系),一心一意发展一流学科;作为学习大气科学的学生,专心致志学好每门课程,做到教学科研相互促进,瞄准世界一流,奋力追赶,勇于超越,我国大气科学的发展一定会如虎添翼,后来居上。

第三节 合理布局 协调发展

中国的近代气象事业主要是从南京、北京起步的,民国时期虽然在多个地方建有气象站,但总体上的气象事业仍是以空白为主。中华人民共和国成立以后,这种情况有了根本改善。从学科点布局来看,除了南京、北京之外,我国东部(青岛海洋学院)、南方(中山大学)、西南(成都信息工程大学)和西北(兰州大学)从 20 世纪 50—60 年代就开始布局并快速发展,多所大学成立了大气科学学院,设立了与大气科学有关的系、专业,其中,25 所高校和几所科研院所成为培养我国大气科学人才的主力院校。全国各省、自治区、直辖市均设有气象局,市(区)级设有气象局(站)。中国气象观测体系、教育和科研和防灾减灾等系统和网络已不断完善。目前,要保证气象事业持续地发展,主要是要保证从事这些工作的工作人员的数量和质量,保证他们的学历层次适应要求,知识能够不断更新。

另外,随着我国大气科学水平的不断提高,预报灾害性天气的准确率不断提升,严重自然灾害而造成的损失应逐步减少。

大气科学的发展,既要国内各地区的密切配合,也需要加强国际合作。许多气象问题,是全球性的问题,需要全球共同努力,如防治大气污染、碳中和、冰冻圈研究等。我们不仅需要与发达国家密切合作,更需要与广大发展中国家携手共进。我们既需要虚心学习发达国家的先进大气科学理论和技术,也需要将先进的大气科学知识普及到广大发展中国家。故合理布局既包括国内需求,也要有国际视野,甚至也要有面向深空、面向宇宙、面向未来的胸怀,下好先手棋,打好主动仗。

第四节 在开放中加快发展

中国几千年的发展史和新中国发展史特别是改革开放史告诉我们,坚持国际交流和合作对于确保中华民族长盛不衰具有十分重要的意义,改革开放也是决定当代中国命运、实现中华民族伟大复兴的关键一招。党的十一届三中全会以来,在邓小平理论指导下,大气科学发展和我国高等教育事业发展同步,逐步驶入快车道。我国派出大批留学生到发达国家学习,了解和追赶国际先进水平,经过了四十多年的努力,在多方面明显缩短与发达国家在大气科学方面的差距,有的领域还实现了超越。

不仅我们落后时需要虚心学习发达国家的长处,就是以后中国大气科学走到世界的前列,也需要开放交流。孔子早有名言"三人行必有我师",毛泽东也有名言"虚心使人进步,骄傲使人落后""洋为中用"等,习近平也多次告诫我们"中国特色社会主义来之不易",应充分利用一切文明成果为我所用,为中华民族的早日强盛服务。大气科学本身也只有在国际合作的平台上才能有更多突破,所以要坚持国际交流和合作,千方百计积极创造条件进行国际交流和合作,在开放中才能促进中国大气科学的更快发展。

第五节　特色发展　讲究谋略

中国的大气科学发展主要是在20世纪20年代与西方国家差距相当大的条件下起步的,中途又遇到多次曲折,要实现后来居上甚至捷足先登,必须运用智慧,以及依靠主观指导的正确。

中华民族优秀传统文化中就有丰富的谋略智慧,可以通过谋略实现以弱胜强,许多谋略集中在《孙子兵法》《三国演义》和"三十六计",如"上兵伐谋""以奇制胜"等。中国共产党领导的人民军队,实现了从无到有、从小到大,由弱到强,并从胜利走向更大胜利,在这过程中充满了谋略。大气科学的发展也应讲究谋略,才能更快实现追赶和赶超。如特色发展就是一种谋略。兰州大学的大气科学学科发展,虽然与南京大学等相比是后起之秀,但他们1971年才设立气象专业,1987年就成立了大气科学系,2004年成立了大气科学学院,是中国高校第一个大气科学学院。同时,他们在高原气象特别是青藏高原气象、冰川研究等方面很有特色,从而实现了跨越式发展。中山大学位于粤港澳大湾区中心城市,面向南海,虽然其气象专业1961年才设立,2015年才成立大气科学学院,但在发展热带气象学、海洋气象学、大湾区气象学和深空大气科学等领域具有独特优势。2021年6月,中山大学投入巨资建造的"中山大学号"海洋科考船交付使用,为该校大气科学学院研究海洋大气等提供了重要的条件。2021年7月,大气科学学院空间与行星科学系还代表中山大学领取了国家航天局探月与航天工程中心发放的嫦娥五号任务带回的第一批月球科研样品,这些标志性的事件均体现了中山大学及其大气科学学院开辟发展新领域新赛道的特色和水平。

案例一

眼中有光 心中有火

——"全国气象工作先进工作者"获得者张云秋

2022年人力资源社会保障部和中国气象局联合表彰的"全国气象工作先进工作者"获得者张云秋，是贵州省遵义市气象台台长、工程师，他在奋斗中找到了自己的人生价值，更为社会的繁荣稳定、人民的安居乐业贡献了一个气象人的青春和智慧。

从校园到基层、从基层气象预报员到市气象台台长，张云秋同志不忘初心，持续精进，学好技能，用好专业，敬业奉献，勇于创新，长期以单位为家加班加点工作，用气象知识服务群众、服务发展，用进取谱一曲气象人的青春之歌。

一、宵衣旰食 筑牢气象防灾减灾第一道防线

面对近年来极端灾害性天气的频发重发，张云秋同志谨记一个信念：时刻把人民群众的生命财产安全放在心中，当好气象防灾减灾的"吹哨人"，守牢气象防灾减灾第一道防线！

面对2020年6—7月持续强降水和2021年"8·08"特大暴雨等灾害性天气，张云秋同志不分昼夜组织服务，数天甚至数月值守岗位，及早发现、及时应对、科学决策，为各级政府和部门有效应对灾害性天气，减轻灾害损失和人员伤亡发挥了重要作用。其中，2019年"6·22"汇川高坪特大暴雨灾害救援入选贵州2019年应急救援十大典型案例；2020年习水"7·07"特大暴雨和2021年"8·08"特大暴雨气象服务分别在贵州省气象服务典型案例评比中获得第一名和第三名。

为提升社会气象防灾减灾意识，张云秋同志多次组织参与气象科普进社区、进乡村、进校园等活动，其主讲的视频微课——《用好气象信息，提升防灾减灾能力》被贵州省党员干部网络学院选用，其冰雹科研成果也被制作成动画科普作品，用于遵义冰雹知识的科普宣传。

二、殚精竭虑 提升气象服务能力

为提高气象服务的精细度，张云秋同志创新性开展"一张表预报"，制定配套预报用语规则，得到服务对象广泛认可，并在全市推广。同时自学编程研发业务平台，开发完成遵义市气象监测服务平台、预报服务平台、预报考核平台，实现了主要灾害性天气的24小时智能监测报警，成为遵义气象防灾减灾和预报工作的重要支撑。

张云秋同志还带领全体预报员高频次开展技术总结，进行科研攻关，大大提升了气象台核心技术支撑作用，培养了一批朝气蓬勃的技术人才，取得了一系列与业务紧密联系的研究成果。其团队研发的空气质量预报平台和森林火险气象等级预报平台，为遵义市空气污染治理和森林防火工作提供了重要技术支撑，近年来遵义综合预报质量也排名全省前列。

三、披肝沥胆 不惧艰险迎难而上

面对新冠疫情防控、驻村工作、科技服务等急难险重任务,张云秋同志积极主动,排除万难,从不向组织提要求、提困难。多次疫情暴发时,他都是吃住在单位。他还自发成立"遵义市气象局疫情防控突击队",组织参与疫情防控,确保预报服务业务正常运转。2022年3月务川县疫情暴发,张云秋同志更是主动请缨,携带物资一路逆行,前往支援务川,临时主持该县气象局工作。

张云秋同志曾获"第十届全国气象科普工作先进工作者""贵州省重大气象服务先进个人""第五届遵义市敬业奉献道德模范"以及中国气象局表彰的"中国共产党成立100周年庆祝活动气象保障服务优秀个人"。

案例二

曾庆存院士谈科学研究

1952年,曾庆存以优异的成绩考入北京大学物理系。由于当时新中国急需气象科学人才,他听从国家安排,被分配到气象专业。

1957年,曾庆存被选拔派遣至苏联科学院应用地球物理研究所学习,师从国际著名气象学家基别尔。

鉴于曾庆存的勤奋与对气象的深刻理解,基别尔决定把当时国际气象学未解的难题——应用斜压流体力学原始方程做数值天气预报——交给他。

这是一道已经困扰了国际学者半个世纪的难题。出于对曾庆存的关心,不少师兄都反对导师的做法:"如果他做不出来,毕不了业,怎么办呢?"可是,曾庆存却凭着"初生牛犊不怕虎"的勇气,毫不犹豫地接下这个任务。

经过苦读冥思、反复试验,他最终从分析大气运动规律的本质入手,想出用不同方法分别计算不同过程的方式,首创求解大气运动原始方程组的"半隐式差分法"。

那一年,曾庆存只有26岁。

此后,围绕数值天气预报和气候预测的实际问题,曾庆存又创立了"标准层结扣除法""平方守恒格式"等新方法,这些方法如今都被应用在数值天气预报的业务工作中,使数值天气预报精度更高、更稳定、更快捷。

回想往事,曾庆存感慨:"科学研究的生涯往往是困难重重的,很少有容易的事,特别是研究一个全新的或很复杂的问题时,似乎是无路可通,需要勇气、信心和毅力。只要问题提得正确,相信必定有解决的办法,要锲而不舍,不达目的誓不甘休。"

一、科研路上的"一滴水"和"一杯水"

回忆起过去的科研历程,曾庆存最忘不了的是国家自然科学基金给他的"一滴水"和"一杯水"。

曾庆存向国家自然科学基金委申请了以气候动力学和气候预测理论为题的研

究项目,并获得资助。

在曾庆存看来,这是他科研历程中非常珍贵的"一滴水",如同是雪中送炭。

在此之前,曾庆存带着团队在国际上最先研制出了"跨季度气候数值预测"的方法。有了这个方法,就可以通过试验提前预测下一季度的雨雪旱涝等情况。

尽管方法有了,却仍有待验证。在这方面科学基金起了很大作用。虽然当时项目的经费不多,却为他和团队系统验证评估这一方法并将其推向气候预测准业务使用提供了宝贵支持。

2008年和2016年,曾庆存等人在开展地球系统模型研究时,又获得两个国家自然科学基金项目的资助,这两个项目被曾庆存比喻为"一杯水"。

"有了这杯水,我们的研究可以生长了,我非常感激。"曾庆存说,"我们现在已建立了中国自主研制的比较完整的中国科学院地球系统模式(CAS-ESM2),参加第六次国际耦合模式比较计划(CMIP6),我们的模式有不少独创之处。同时科学基金项目促成了中国科学院向国家申请到建设'地球系统数值模拟大科学装置',这大大推动了我国地球系统模式的发展和应用,践行了赵九章先生提出的地球科学理论化和工程技术化的理念。由此我深刻体会到自然科学基金对促进我国基础研究水平提升的重要作用。"

对于未来国家自然科学基金的发展,曾庆存建议,可以在现有基金的基础上,参照国外做法,直接为一些知名的、有成就的科学家和一些杰出、有才华的青年提供基金资助,不必让他们写申请或参加评审,使他们可以集中精力开展研究。

二、身为老师一定要好好引路

曾庆存的科研历程里,除了产出很多重要的专业成果之外,还为我国气象事业培养了一批又一批优秀学者。这些人中的大部分已成为我国大气科学研究和业务领域的骨干和顶尖人才。

"做老师的,一定要好好引路。"曾庆存说。

曾庆存培养学生的经验,有一部分来自于他自己的老师:"我从我的老师那里学到了很多。"

我国著名科学家赵九章就是对曾庆存影响较大的前辈之一。曾庆存从苏联学成归国后,非常爱才的赵九章把他介绍到中国科学院工作。由于曾庆存一度身体不好,赵九章又关照研究所给予特殊照顾。

更重要的是,赵九章主张地球科学数理化、工程技术化,这一理念深刻地影响着曾庆存的科研和管理工作。

对于引领自己走上大气科学道路的中国气象学界的奠基人——中国科学院院士谢义炳,曾庆存也怀有一份特殊的感情。

曾庆存在大学毕业时,曾因家贫极想工作以便尽早孝敬双亲,谢义炳得知后按期给曾庆存家寄钱,以消除他的后顾之忧。此后,对家庭有困难的学生,曾庆存也会自掏腰包帮助他们。

"曾先生对我们这些学生有爱心,有父母心!"曾庆存的学生、中国科学院院士戴永久曾经这样评价自己的老师。

从1958年至今,曾庆存已经在科研道路上奋斗了60多年。前辈们的科学精神在他这里得到了传承和发扬,他的科学精神也正在被学生传承和发扬。

在谈到什么是"科学家精神"时,他想起了30年前的一天。

那天,他在香山科学会议的间歇冒雨爬上香山顶峰,面对密布的乌云,赋诗一首:"盖地乌云逼,昏天鬼见愁。胸中腾热血,冒雨上峰头。"

如今,鹤发童颜的曾庆存依然带着他的团队和学生,凭着对科研的热血与激情,一次次勇敢地冲出科学迷雾,向着顶峰攀登。

三、寄语

2020年11月,曾庆存院士在广东阳江一次大气科学论坛上勉励广大气象工作者、青少年,要有广阔的胸怀,勇于吸纳国内外先进科技和成果,以严谨的工作作风,争分夺秒提高业务水平。走科学发展、融合发展道路,把大气科学的研究与地壳运动、空间运动、控制论等领域科学研究结合起来,推动气象事业高质量发展,为国家、为民族、为科学做奉献,共同努力把祖国建设得更加富强。

曾庆存院士希望广大气象工作者"要有赛马的精神,像比赛的马一样勇敢向前冲""天塌下来,你要撑得起。跌倒了算什么,我们骨头硬,爬起来再前进。"

第八章 向世界一流进军

第一节 新时代中国大气科学发展的新步伐

进入 21 世纪以来,中国加快了建设气象强国的步伐,不仅各类气象台(站)星罗棋布,各级气象局不断充实和完善,而且天气预报水平不断提高,气象事业的功能与时俱增。不仅大气科学高水平人才自主培养的力度得到强化,有关边缘学科和交叉学科发展如雨后春笋,而且各类科学研究相当活跃,研究领域不断扩大。与国际交流合作日益频繁。

党的十八大以来,我国气象事业实现了跨越式发展,如气象卫星体系建设达到世界领先水平,雷达监测网规模位居世界第一,中国特色气象服务体系建设成效显著,为上百个行业、亿万用户提供优质服务,气象事业发展取得历史性成就。

党的十九大以来,中国加快了建设气象强国的步伐。在新中国气象事业 70 周年之际,习近平总书记对气象工作作出重要指示,要求加快科技创新,做到监测精密、预报精准、服务精细,推动气象事业高质量发展,提高气象服务保障能力,发挥气象防灾减灾第一道防线作用。并提出气象工作关系生命安全、生产发展、生活富裕、生态良好的战略定位,并发出努力建设气象强国的号令,为气象事业高质量发展提供了根本遵循。

2019 年 12 月 9 日,新中国气象事业 70 周年座谈会在京召开,会议强调要加快建设气象强国,为经济持续健康发展和社会和谐稳定提供更加有力的气象服务保障。

2022 年 4 月,国务院印发了《气象高质量发展纲要(2022—2035 年)》。

2022 年 5 月 19 日,全国气象高质量发展工作电视电话会议在北京召开。中共中央政治局委员、国务院副总理胡春华出席会议并讲话。他强调,要大力推动气象高质量发展,全面提升气象服务保障能力和水平,为促进经济社会持续健康发展提供有力支撑。

2022 年 7 月,中国气象局印发了《气象人才发展规划(2022—2035 年)》,同年 9 月又出台了《中共中国气象局党组关于加强和改进新时代气象人才工作的实施意见》。

党的二十大发出了以中国式现代化全力推进中华民族伟大复兴的进军令,并提出了加快构建教育、科技和人才三位一体强国体制的步伐,高质量发展是全面建设社会主义现代化国家的首要任务。各地区各部门深入贯彻落实党的二十大精神,推动气象事业高质量发展,提高气象服务保障能力,发挥气象防灾减灾第一道防线作用,气象强国建设蹄疾步稳,为以中国式现代化全面推进中华民族伟大复兴做出新的贡献。

为了加快建设气象强国的步伐,促进创新驱动发展,中国气象局从 2022 年开始实施每年评选气象部门十大优秀管理创新成果,努力构建现代气象管理体系。全国气象部门已经形成了你追我赶、奋勇争先、努力为建设气象强国多做贡献的良好发展势头。我国不断推进气象现代化建设,气象事业整体实力已接近世界先进水平,部分技术已达到世界领先水平。

到 2025 年,我国要实现气象关键核心技术自主可控,现代气象科技创新、服务、业务和管理体系更加健全,监测精密、预报精准、服务精细能力不断提升,气象服务供给能力和均等化水平显著提高,气象现代化迈上新台阶。到 2035 年,气象关键科技领域实现重大突破,气象监测、预报和服务水平全球领先,国际竞争力和影响力显著提升,以智慧气象为主要特征的气象现代化基本实现。气象与国民经济各领域深度融合,气象协同发展机制更加完善,结构优化、功能先进的监测系统更加精密,无缝隙、全覆盖的预报系统更加精准,气象服务覆盖面和综合效益大幅提升,全国公众气象服务满意度稳步提高。

第二节 主动向世界一流学科进军

创办世界一流大学和世界一流学科,是党和政府为促进我国高等教育更快更好发展并冲击世界一流而做出的重大战略决策,并在 2017 年 1 月正式启动。首批"双一流"建设高校 137 所,世界一流大学建设高校 42 所,世界一流学科建设高校 95 所,双一流建设学科共计 465 个。其中,具有很强的大气科学学科实力的南京信息工程大学、南京大学和兰州大学榜上有名。

建设世界一流大学和一流学科的主要原则:

1. 坚持中国特色、世界一流。即要积极探索世界一流大学建设的中国道路和中国模式。

2. 鼓励高水平建设,多创立突破性工程,做到扶优扶强,引领示范。

3. 服务国家重大战略布局。

4. 扶持特殊需求,对已长期建设、特色鲜明、无可替代、国家迫切需求的学科,要给予重点考虑。

建设世界一流大学和世界一流学科,需要的条件:

1. 建设一流师资团队。

2. 培养拔尖创新人才。

3. 提升科学研究水平。

4. 传承创新优秀文化。

5. 着力推进成果转化。

建设世界一流大学和世界一流学科,还要打破终身制,引进竞争机制。

"双一流"发展战略实施以来,已明显促进了我国高校的更快发展。世界一流学科是世界一流大学的基础,不少有大气科学学院(系)的高校聚焦建设世界一流学科,首先学习、追赶国内一流学科,并瞄准世界一流学科水平,加速提高了我国大气科学水平,也明显缩小了与发达国家的差距。

南京大学大气科学学院 2008 年 11 月成立,该学院不仅是我国设立气象学学科最早的,在多方面走在全国的前列,在新时代也有新亮点,比如在学科设置方面,该学院已具有一个从本科到博士后的完整的人才培养体系。现有两个系——气象学系和大气物理学系,拥有气象学、大气物理和大气环境学、气候系统与气候变化三个博士和硕士点,是大气科学一级学科博士学位授予单位和博士后流动站。

科学研究是学科发展的重要途径,南京大学大气科学学院在气候动力学研究、中尺度灾害性天气研究、全球气候变化研究、大气环境和灾害预防等方面的研究颇有优势。在科研平台方面,建有中尺度灾害性天气教育部重点实验室、南京大学气候与全球变化研究院、灾害性天气气候研究所、南京大学大气环境研究中心、全球变化研究中心和自然灾害研究中心等研究机构。该学院在中尺度天气、边界层气象、大气环流与季风、短期气候变率与预测、海洋大气相互作用、气候变化和数值模拟、大气物理和大气环境及大气探测等领域取得了具有创新并具有国际影响的研究成果,已形成浓厚活跃的学术气氛,开展了广泛的国内外学术交流与合作,通过合作研究、派出留学与进修、接收外国留学生及联合培养研究生等形式,同国内外诸多高校和科研机构建立了紧密的交流合作关系。

南京信息工程大学大气科学学院在建设世界一流学科方面也走在了全国的前列,特别是在专业设置、师资队伍建设、科学研究等方面颇有优势和特色。学院设有大气科学专业,培养具有扎实的大气科学基础理论、基础知识和应用技能的高级专门人才;气象学、气候系统与气候变化两个硕士点;大气科学一级学科博士点,气象学、气候系统与气候变化两个二级学科博士点;设有大气科学一级学科博士后科研流动站。同时,该学院已形成国内大气科学领域中最具特色、相对稳定的六个主要研究方向:大气环流及其动力过程、季风与海陆气相互作用、数值模式与气候预测、气象资料处理与同化应用、中尺度气象与台风、气候变化与区域响应。

兰州大学大气科学学院是我国西部大气科学的唯一学科点,其学术水平在国际上也处于先进行列。其具体学科点有大气科学一级学科博士学位授予权,下设气象学、大气物理学与大气环境、气候学三个二级学科博士点,气象学、大气物理学与大气环境、应用气象学、气候学四个二级学科硕士点。一个大气科学博士后科研流动站、一个大气物理与大气环境国家重点培育学科、一个甘肃省 级重点学科等。其中气象学研究所、大气物理与大气环境研究所、环境变化研究所、大气遥感研究所、环境影响评价中心、环境观测站等颇具特色。

加强局校合作，也是加快建设世界一流学科步伐的重要途径。如 2020 年 9 月，中国气象局与中山大学签署了战略合作协议，在合作协议签约仪式上，时任中国气象局党组书记、局长刘雅鸣表示，中国气象局高度重视局校合作，这将有助于进一步推动气象事业高质量发展，气象现代化建设迫切需要实现关键核心技术突破和相关高层次人才的培养工作。

2023 年 3 月 27 日，中国气象局又与北京理工大学签署战略合作协议。双方将围绕气象雷达、卫星气象、气候评估等领域联合开展研究和技术攻关，共同促进气象高质量发展和学校"双一流"建设，中国气象局党组书记陈振林和北京理工大学校长龙腾分别代表双方签署协议。

要建设世界一流学科，应搞清楚目前世界大气科学的一流学科在哪个国家哪所大学，他们在哪方面领先，他们的研究方向主要有哪些等。

目前大气科学世界一流学科仍集中在美国、英国和北欧一些国家，尽管中国与他们的差距正在大幅度缩小，但要全面赶超仍任重道远。我们不仅要善于追赶和实现"弯道超车"，也要善于开辟新赛道，努力建设扎根中国大地、贡献具有中国智慧的世界一流大气科学学科。

第三节　努力培养更多高水平人才

一、培养更多高水平人才

当今世界人才的竞争首先是人才培养质量的竞争，人才培养能力的竞争。

追求卓越，努力自主培养更多的高水平人才是时代的呼唤，是建设全球重要人才中心和创新高地的需要，是建设社会主义现代化强国的迫切需要。人才与学科建设也是相辅相成的，没有世界一流的人才，也难以建成世界一流学科。回顾我国科技自立自强的历程，许多事实都可以证明，自主培养人才往往最可靠、也最管用。

什么是高水平的人才？笔者认为，就是高素质、高学历、高创新、高成就、高寿命的人才。

高素质是指德智体美劳全面发展，成才基础更扎实的人才。

高学历是指具有硕士、博士学位的人才。中国要培养更多高水平创新人才，要建成全球重要人才中心和创新高地，一定要继续大幅度提高拥有高学历人群的比例。目前,我国已步入博士生教育大国行列,但要注意不断提高培养质量,而且,随着高学历人群的不断增多,博士学位获得者不一定能到学术岗位就业的现象将逐步增多。

高创新是指创新意识和创新能力强,创新成果丰硕。

高成就是指通过创新能够获得省级、国家级成果,甚至是获得罗斯贝奖等具有国际影响力的成果,如竺可桢、曾庆存、叶笃正、郭晓岚、王斌和众多两院院士,就是有高成就的人才。

高寿命是指能为祖国、为事业健康工作数十年。

要早日培养更多的高水平人才,就要重点加快我国研究生教育发展步伐,要让青年科技人才在最佳年龄阶段早日冒尖。

改革开放初期,面对我国与西方发达国家在科学技术方面的巨大差距,我国派出了一批又一批留学生出国留学。在新时代我们应该继续这样做。但近年来由于个别西方国家企图遏制中国的发展,限制中国到西方发达国家留学的人数,时代要求中国加快自主培养高水平人才的步伐。

中山大学现任校长高松院士精辟指出:"研究生教育的竞争是国家间顶端教育的竞争,代表的是国家最高教育水平,竞争舞台是国际舞台,对手是全世界顶级高校,在这样的竞争中胜出的强者才是真正的强者,争得的一流才是真正的一流。""今天的研究生,就是明天科研创新的主力军,他们的学术能力、学术作风、志向追求,决定了整个中国科研创新的高度,决定了建设创新型国家的速度。"

在培养高水平博士方面。我国已是博士生教育大国,并建立起中国特色的博士研究生教育体系,但培养质量仍存在一些问题。如党和政府反复强调的"四个面向"和尽快解决"卡脖子"问题和关键核心技术自主可控的问题,博士研究生毕业论文在这方面的贡献度仍然偏低,更不用说达到国外曾有的一篇博士学位论文就成为作者后来获得诺贝尔科学奖的研究成果雏形的水平。著名气象学家曾庆存在前苏联攻读博士学位时的博士论文,就为他后来获得国家最高科学技术奖打下了基础。

二、加快培养更多战略科学家

加快培养更多以战略科学家为代表的战略科技人才是建设科技强国的迫切需要。

战略科学家是指具有深厚科学素养、长期奋战在科研第一线,视野开阔,前瞻性判断力、跨学科理解能力、大兵团作战组织领导能力强的尖端人才,也是我国建设科技强国的紧缺人才。

战略科学家不仅在所从事的领域有精深的研究和学术积累,而且在科技事业发展战略的前瞻性上有洞察力,看得远;在战略布局上有判断力、把得准;在战略实施层面上有领导力,带得成。如奥本海默与曼哈顿工程、钱学森与"两弹一星"工程等。

我们可广纳全球高层次战略科学家,同时通过一流高校培育战略科学家后备人才,并形成战略科学家成长梯队。

中国气象局党组书记陈振林也明确指出:"要完善气象战略科技人才发现、培养、激励机制,建立健全气象战略科技人才负责制,培养一批站在气象科技发展最前沿、具有深厚学术造诣和卓越科技组织领导才能的气象战略科技人才"。

如何培养更多更好的战略科学家? 23位"两弹一星"功勋科学家是研制导弹、原子弹和人造卫星的领军人物,是卓越性和引领性相统一的杰出战略科学家。武汉科技大学黄涛、樊艳萍等学者通过对这些功勋科学家成长成才经历的研究,从10个方面揭示了战略科学家成长的一些规律和特点,其研究成果值得我们借鉴。

1. 出生地域高集中:创新文化渗透引领。
2. 家庭出身高起点:家风家教潜能激发。
3. 中小学教育高水准:基础教育奠基。
4. 海外留学高学历:中外文化双螺旋推进。
5. 研究导师高影响:名师出高徒。
6. 学缘关系高相关:人才链集群共生。
7. 科学研究高协同:协同创新。
8. 科研实践高强度:研究实践磨炼。
9. 文理学科高交融:知识交叉融合助推。
10. 道德人格高境界:科学家精神能动作用。

他们认为,科学家需要理性,也需要深厚的人文情怀和合理的知识结构,克服仅从专业角度看问题的局限性。克服"科学"与"人文"之间的分裂。实践证明,会通古今,会通中西,会通文理的科研人员,更有可能成长为战略科学家。

他们还认为,"两弹一星"功勋科学家因为具有勇于创造奇迹的科研自信,才能运用有限的甚至"原始"的科研和试验手段,顽强拼搏,勇于创新,突破了所有技术难关,创造出科技奇迹。发展科技事业,物质条件固然重要,但人才是决定性因素。自觉树立科研自信心,继续弘扬"两弹一星"精神,克服跟踪研究、模仿创新的思维习惯和技不如人、知难而退的畏难情绪,勇于开辟新的研究领域并取得原创性成果。

第四节　时代呼唤有更多大师级人才的涌现

一、大师级人才与国家命运息息相关

大师级人才和国家强盛是相辅相成的,大师级人才的涌现,对国家的强大和文化的繁荣有很大的促进作用,而国家的强盛也有利于培养出更多大师级人才。

中华民族是世界四大文明古国之一,曾创造了灿烂的古代文明,对推动人类进步做出了突出贡献。除了世人瞩目的四大发明之外,领先于世界的科学发明和发现还有 1000 多种。美国学者罗伯特·坦普尔在著名的《中国,文明的国度》一书中曾写道:"如果诺贝尔奖在中国的古代已经设立,各项奖金的得主,就会毫无争议地全都属于中国人"。

英国著名学者李约瑟(1900—1995 年)对中国古代科学技术史等有详细深入的研究,并著有《中国的科学与文明》即《中国科学技术史》,共七卷三十四册,其中第一卷在 1954 年出版。内容涉及天文、地理、物理、化学、生物等各个领域。此书第一次全面系统地向全世界展示中国古代科学技术成就,用无可争辩的事实证明了中华民族为人类文明与进步所做的巨大贡献。

宋朝沈括的《梦溪笔谈》和明朝宋应星的《天工开物》等,均详细记载了中华民族这方面的许多成果,沈括被李约瑟博士誉为"中国整部科学史中最卓越的人物",而他的《梦溪笔谈》则是"中国科学史上的坐标"。

但由于我国封建社会中多个朝代均轻视科学技术,将科学技术视为"奇技淫巧",故我国的"四大发明"、被誉为"科圣"的著名科学家张衡发明的"地动仪"等均偏重于技术,比较系统的理论贡献不多,并最终在科学技术等方面落后于西方国家很多年。

鸦片战争后,中国逐步沦为半殖民地半封建社会,"救国"成为当时先进中国人的历史使命。"师夷长技以制夷",以 1850 年中国第一个赴美留学生容闳考入耶鲁大学为标志,出国留学努力学习西方科学技术逐步成为潮流。中国近代许多仁人志士怀抱"科学救国""教育救国"等理念为中国的近代化付出了许多努力,他们中也涌现出不少大师级人物。但因没有从反帝反封建这个根本问题上入手,所以总体上讲发展是缓慢的,甚至被日本帝国主义乘虚而入,造成十分严重的损失。

中华人民共和国成立之后,中国走上了社会主义道路。革命是为了解放生产力,为了促进生产力的更快发展。新中国的诞生,为中国迅速赶超西方发达国家、早日实现现代化和实现中华民族伟大复兴奠定了最重要的政治基础。中华人民共和国成立 70 多年来,尽管曾出现过曲折,但总体上看,我国大气科学学科发展和全国高等教育和科学研究事业发展是比较快的,特别是改革开放以后,逐步驶入了发展快车道……

1956 年,毛泽东在《纪念孙中山先生》这篇文章中提出"中国应当对于人类有较大贡献"的重要思想。中国要对人类有较大贡献,不仅是在经济上,也应该在科学、教育、人才等方面。是否涌现出更多的大师级人才,也是衡量社会制度是否更优越的重要指标。

本书所指的大师,狭义上指在学术领域内做出贡献、享有盛誉的学科创始人或学科带头人等,如经济学创始人亚当·斯密,近代化学创始人安托万·拉瓦锡,第一次工业革命的主要开创者詹姆斯·瓦特等;广义上指各行各业有关领域的成功开创者,或者因取得具有里程碑意义的成就而具有深远影响力的人。大师与领袖、导师和领军人物等近义。大师级人才分为不同层次,如中国科学院院士和中国工程院院士是国家级大师,诺贝尔科学奖获得者是世界级大师,马克思、牛顿、爱因斯坦等是世界顶级大师。在大气科学领域,罗斯贝、查尼和洛伦兹等均是世界顶级大师,获得国际罗斯贝奖或国家最高科学技术奖的气象学家都是世界级大师,大气科学方面的中国科学院院士或中国工程院院士是国家级大师等。

二、中国在世界最高科学奖方面的差距

1901—2016 年,诺贝尔科学奖和诺贝尔经济学奖共颁发 669 次,其中 1995 年墨西哥籍大气化学家马里奥·莫利纳和荷兰籍大气化学家保罗·克鲁岑等一起获得诺贝尔化学奖。而我国从 2012 年开始才实现了诺贝尔奖"零的突破",2015 年实现了诺贝尔科学奖"零的突破",远落后于美国、英国、法国、德国、俄罗斯、日本等国家。

与诺贝尔奖同样重要的世界大奖还有拉斯克奖(医学)、克拉克奖(经济科学)、普利策奖(文学)、普利斯特里奖(化学)、菲尔兹奖(数学)和沃尔夫奖(农业、医学、艺术、数理化等),图灵奖(信息科学),普利兹克奖(建筑学),罗斯贝奖(大气科学),泰勒环境成就奖(环境科学),狄拉克奖(国际理论物理学)等。其中美籍华人吴健雄(女)获得过沃尔夫物理奖(1978 年),美籍华人钱永健获得过沃尔夫医学奖(2004 年);美籍华人陈省身和丘成桐分别在 1983 年和 2010 年获得过沃尔夫数学奖,杨祥发(台湾)和袁隆平分别在 1991 年和 2004 年获得过沃尔夫农学奖,美籍华人邓青云 2011 年获得过沃尔夫化学奖。获得过泰勒奖的是台湾的张德慈(1999 年)和大陆的刘东升(2002 年)。获得罗斯贝奖的华人是毕业于清华大学数学系的理论气象学家郭晓岚(1970 年)和南京信息工程大学大气科学学院海外院长王斌教授(2015 年)。这方面与美国等发达国家的差距也很大。

虽然中华人民共和国成立以来特别是改革开放以来,中国的科技实力明显增强,并在航天等方面成就突出,但基础研究仍有很多短板。其根源仍是教育和科研条件不足,高水平创新型人才的培养不足。

要培育更多的大师级人才,首先教育部门要不断深化改革。邓小平对教育所提出的"面向现代化,面向世界,面向未来"的战略要求,应该继续切实贯彻好。其中"面向世界"的重点要"面向世界一流","面向未来"的关键是"面向创新",特别要重点办好中国科学院和研究型大学,使我国有更多进入世界一流大学行列的高校,并使各类教育协调发展。在这方面,国家有关主管部门和有关高校均有自己的发展战略和许多有力措施。其他高校也要主动作为,根据自己的长处培养更多的大师级人才。

对于科学大师成长的特殊规律,不少大师本人以及一些专家学者甚至国家领导人均对此进行了许多探索或提出精辟论述。

1. 大师是最早取得大成果的人,尊重科学研究的规律也就是尊重科学大师的成长规律。而顺势成才是人才成长的重要规律之一。

2. 习近平总书记 2016 年 5 月在全国科技创新大会上所做的《为建设世界科技强国而奋斗》的报告中明确提出,抓科技创新,不能等待观望,不可亦步亦趋,当有只争朝夕的劲头。时不我待,我们必须增强紧迫感,及时确立发展战略,全面增强自主创新能力。我国科技界要坚定创新自信,坚定敢天下先的志向,在独创独有上下功夫,勇于挑战最前沿的科学问题,提出更多原创理论,作出更多原创发现,力争在重要科技领域实现跨越发展,跟上甚至引领世界科技发展新方向,掌握新一轮全球科技竞争的战略主动。要成为世界科技强国,成为世界主要科学中心和创新高地,必须拥有一批世界一流科研机构、研究型大学、创新型企业,能够持续涌现一批重大原创性科学成果。要尊重科学研究灵感瞬间性、方式随意性、路径不确定性的特点,允许科学家自由畅想、大胆假设、认真求证。不要以出成果的名义干涉科学家的研究,不要用死板的制度约束科学家的研究活动。很多科学研究要着眼长远,不能急功近利,欲速则不达。要让领衔科技专家有职有权,有更大的技术路线决策权、更大的经费支配权、更大的资源调动权”。这些要求,均是对大师成长规律的进一步揭示。

3. 爱因斯坦的成功公式:$m=x+y+z$,其中 m 代表成功,x 代表艰苦劳动,y 代表正确的方法,z 代表少说空话。

4. 爱迪生的成功体会:天才就是 1% 的灵感加上 99% 的汗水。

5. 袁隆平的经验总结:成功=知识+汗水+灵感+机遇。

6. 重庆市经济管理干部学院罗利建教授在《钱学森之问—大师是怎样炼成的》一书中认为:

(1)大师成长第一定律是理性传统与工匠传统相结合。

(2)大师成长第二定律是多元知识结构形成多元思维。

(3)大师成长第三定律是适度知识并善于竞争。

(4)大师成长第四定律是好问善疑而成学派帅才。

(5)大师成长第五定律是自信、独立、坚韧。

他还认为,要使大师能更多涌现,必须保证独立思考、思维自由;深入基层是科学研究的重要成功之道;天才出于创新,创造性思维对人才成长起着关键作用,百折不挠才能成就大师等。

7. 戴永良在《成长的足迹—诺贝尔奖之路探秘》一书中对诺贝尔奖获得者的成功之路进行了分析总结,提出了一些规律性的总结:

(1)正确认识自我,是自信的基础,也是走向成功的起点。认识自我,就是要认识自己的优势、劣势、自己的与众不同和发展潜力,给自己找到一个在社会上最合适的定位,使生命的价值达到最高点。

(2)选择适合自己的道路。成功是多元的,并没有贵贱之分,适合自己的、自己擅长的就是最好的,也就是成功的。勇敢地走自己的路,才会有突破,有成就。

(3)在攀登科学高峰的道路上,要正确对待逆境。在一定条件下,阻力和挫折是动力的源泉。在阻力面前退缩不前的人就不可能成为一名科学家,有主观能动性的人至少有成功的可能,而丧失了动力的人永远都不可能成功。

(4)良好的大学教育是诺贝尔奖的敲门砖。要创造尽可能多的机会进入大学深造,进入一所名牌大学是更好的选择。

(5)起步很早,这是诺贝尔奖获得者的共同规律,但起步较晚却凭借集中精力加速地对科学发展做出贡献的人,也不少见。

(6)导师往往是"杰出成就的诱发者",导师对学生不能完全以分数论英雄,也要看潜质、看发展。因此对人才来说,选好导师,是走向成功十分重要的环节。

关于导师指导的重要作用,2013 年诺贝尔化学奖获得者迈克尔·莱维特在 2023 年 5 月大湾区科学论坛的主论坛上用一些统计数据进行了阐述:"1958 年以来的 80 位美国诺贝尔医学奖得主中,46.3%的得主是另一位诺贝尔奖得主的博士生或博士后研究员。1958 年以来的 57 位美国诺贝尔化学奖得主中,33.3%的得主是另一位诺贝尔奖得主的博士生或博士后研究员。他们占 1958 年以来 137 位美国诺贝尔医学奖和化学奖得主的 41%。"

(7)教会学生发现问题和学习的方法比灌输知识更重要。一个人只有掌握正确的学习方法,掌握自主学习的能力,才能在一生中不断获得新的知识。

(8)兴趣是探索事物发展的催化剂,是一个人走向事业成功的开始。古今中外,卓有成就的人无不对自己所从事的事业,有强烈的浓厚的兴趣。

(9)冷静观察是发现科学奥秘的前提;想象力是打开科学大门的法宝;好奇心为人才在科学领域创造最好的机会。

(10)热爱科学研究,始终坚持怀疑一切的学习态度。要有长期的思考、忍耐、执着和勤奋的精神。

(11)有坚定自信、坚韧不拔、不怕挫折、一丝不苟的毅力。

(12)善用直觉和敢于怀疑。几乎所有的诺贝尔奖获得者都有坚持自己的直觉和敢于向权威提出挑战的美德。在科学的道路上,没有怀疑,就没有探索;没有探索,就没有突破;没有突破,就没有发展。

(13)抓住机遇。如果我们把机遇比作一匹飞奔而至的马,谁获得它的帮助,谁就能加快速度,到达职业光辉的成功点。要抓住机遇,个人必须具备三个条件:识马、敢于跃马和有能力驭马。

(14)专一。在科学的道路上,不可能进攻所有领域。只有那些对某一领域学问作专一、持久研究的人才可能达到科学的光辉顶点。

(15)应加强合作研究，不要一直单打独斗。

(16)功到自然成，敢于向诺贝尔奖的目标迈进。

(17)选择合适的研究机构作为自己发展的舞台。

(18)研究方向要与时代接轨。

(19)坚信任何时候都有机会。科学不是被年轻人独占的游戏，是任何年龄段的人都可以同时演出的舞台。

(20)科学知识积累上的不足、实用主义价值观对思维的限制、科学家群落的缺乏等，是阻碍中国向诺贝尔科学奖进军的短板。

另外，笔者认为，美国等西方国家在教育方面比较重应用知识和创造知识而相对轻掌握知识，而我国的教育传统则是重掌握知识而轻应用知识和创造知识，这应是我国科学大师与西方国家之间的差距在教育方面的重要原因。作为各类在校大学生要充分发挥自己的主观能动性，打破大师神秘感，从小立志成为大师级人物，并在各方面严格要求自己，注意全面发展，重点培养自己的学习力、就业力和创造力。历史上许多大师均有苦难的童年，与历史上许多大师级人物相比，今天的条件不知道要好多少倍了。在校大学生特别要向那些自学成才的大师级人物学习，努力提高自己的自学能力，卧薪尝胆、加倍努力，力争使自己的人生早日取得大的成果。如果我们的大学生连"人心向学"都成了问题，就难以造就大师级人物了。

大师级人才就是取得高成就的人，创新不仅是发展的第一动力，也是科学研究的灵魂，更是成为大师级人物的关键。要成为大师级人物，不仅要立大志、打好事业发展的各方面基础，选择好奋斗目标并为此长期奋斗、终生奋斗，而且要敢于创新、善于创新，要敢于提出新理论、新学说。王明明是北京中国画院的著名画家，他从小就显示出绘画的天赋，曾被誉为"画坛小神童"，但他的成长道路并不顺利，1969年中学毕业后被分配到一家手扶拖拉机厂当铣工，一待就是10年，在这10年中，他坚持业余绘画。1977年恢复高考后，他放弃了到中央工艺美术学院就读的机会，被他的伯乐周思聪院长特招到中国画院。那里曾是齐白石等大师工作过的地方。虽然他抓住一切机会拼命学习，兼收并蓄，但在专业上难以冒尖，因为那里每位画家均风格各异、自成一路，他不久就迷茫了。如果跟着导师的优势走，绘现实题材的画，也可以小有成就，但难以更上一层楼。经过思考，他决定另辟蹊径，走独树一帜的创新道路，从传统的现实题材转向古代题材，从诗意画入手，在中国传统文化中寻找创作灵感，走诗与画相结合的道路，勇闯"无人区"，开辟新赛道，创作出不少有说服力的作品，经过长期努力，他终于成为我国在这方面的大师级人物。

要成为大师级人才，还要处理好"得"与"失"的关系。

中国科学院院士、控制论与系统科学家郭雷曾说过："'世人都晓大师好，唯有世俗脱不了'，许多人都想着做出不平凡的成果，但是在生活上却不舍得放弃常人普遍都在追求的表面的东西，不愿表现出一点不平凡。无数事实证明，只有不平凡的行动才能孕育出不平凡的科学成就。"如果没有"失"的心理准备、没有自我牺牲精神、没有个人服从组织的全局观念,人往往很难成功,更很难成为大师。

中国要在21世纪中叶实现中华民族伟大复兴的中国梦,关键看创新型人才,特别是大师级人才。没有大师级人才,中国不可能自立于世界民族之林;没有大师级人才,中国也不可能拥有世界一流学科和世界一流大学等。我们一定要永远顽强奋斗,不断向新的高峰不断攀登。像体育健儿那样,既要虚心学习,也要勇于到奥运会等国际最高水平的平台上摘金夺银,敢于在拼搏和竞争中实现超越。

第五节 积极促进科技与经济高度融合

对于大气科学的发展来说,对基础大气科学的学习和研究固然很重要,但大量的与国民经济发展和人民生活息息相关的还是应用大气科学,如何调整基础研究与应用研究之间的关系,是普及和提高、面向国际学术前沿和面向国民经济主战场的协调问题。如曾庆存院士用基础研究的成果解决了数值天气预报的实用性问题,明显提高了天气预报的准确率。1998年长江中下游水域发生大洪水,中国科学院大气物理研究所的专家们事前已提出了预警,尽管实际发生灾害的程度更为严重,但由于提前有了预警,并且误差不大,为国家减少了不少损失。

科教兴国很大程度上是要靠科技经济的高度融合,产学研密切结合。经济建设必须依靠科学技术,科学技术也必须面向经济建设。这是党和政府早就确定的大政方针,关键是落实。我国著名气象学家徐尔灏也曾提出"以任务带学科"的重要思想。这个"任务"就是国家和人民的迫切需求。中山大学大气科学学院提出"坚持科研与业务结合,为国家重大建设需求提供技术支撑",也体现了这个要求。如针对水文灾害,学院有关团队近年来自主研发了洪水预报系统,为向国家应急管理部提供可靠的洪水信息,使汛期洪水灾害预警更加精确。在繁重的教学科研任务的同时,该学院也与广东省不少地方密切合作,推动广东省各地提高气象服务水平和防灾减灾工作成效。如广东省阳江市由于特殊的地理位置,气象灾害频发,中山大学大气科学学院2020年与阳江市气象局、中国气象局广州大气科学联合研究中心一起在阳江市举办"南海与周边地区海陆气过程及其对天气气候的影响"研讨会,并对当地气象部门给予具体业务指导,受到当地的欢迎。

大气科学基础研究和应用基础研究成果能否尽快实现市场化、产业化,这是科技与经济高度融合的又一重要课题。我国航空航天领域不少科研成果经过一定的转化后都可以产生新兴产业,大气科学领域也可努力做到这一点。我们要努力向美国硅谷等世界级科创中心学习,实现学科发展与新兴产业的相互促进。

第六节　面向未来

习近平总书记要求我们"打好主动仗,下好先手棋",这就一定要提前面向未来进行战略性、全局性、前瞻性的思考和布局,如"未来地球""未来地球大气层""未来大气科学""未来人类""未来产业""未来人才"等。对于在地球上生存的各类生命来说,自然灾害难以避免,但人类可以通过认识客观规律、利用客观规律来给予尽可能准确的预报和有效预防,从而减少损失。

未来中国的大气科学,天气预报准确率特别是灾害性天气预报的准确率会明显提高,气象作为防灾减灾第一道防线的作用更加彰显;

未来中国的大气科学,极端天气的主要原因不仅很清楚并且已有预防或干预措施,自然灾害给人类造成的严重损失将明显减少;

未来中国的大气科学,自动气象站如雨后春笋般涌现,智慧气象成为活生生的现实,而且航天气象等新学科新领域也得到了长足发展;

未来中国的大气科学,科学研究水平已经走在世界的前列,本土气象学家获得罗斯贝奖不仅已实现零的突破,而且已有一定数量。

未来中国的大气科学,已得到很好的普及,各级领导干部和普通公民,均学习过大气科学知识,从而使人类应对灾害性天气的水平得到明显提高,人类活动对大气变化的不利影响减少到最低限度。

未来中国的大气科学,不仅与地学和生命科学等有更紧密联系,而且与空间科学、天文学等的关系也是研究的重点。

未来中国的大气科学,国际合作水平明显提高,中国成为引领全球大气科学发展的主要国家。

未来中国的大气科学,将与国家的生态文明发展战略、"碳中和"等发展目标相融合,为中国式现代化做出自己应有的贡献。

地球气候是对人类至关重要的一个复杂系统,需要更多的大气科学家不断去探索。2021年12月,美国普林斯顿大学气象学家真锅淑郎教授和德国马克斯·普朗克气象研究所的克劳斯·哈塞尔曼教授因"物理模拟地球气候、量化变化和可靠地预测全球变暖"这一开创性贡献,为我们了解地球气候以及人类如何影响它而奠定了基础,从而荣获2021年诺贝尔物理学奖。当年物理学奖由两位气象学家摘得一半,这充分体现了全球科学界对大气科学热点问题研究的高度重视,对国际各类气象工作者也是巨大鼓舞。

2023年5月22日,第19届世界气象大会在瑞士日内瓦开幕,大会的重要目标之一是确保2027年底前全世界人人享有气象预警服务。根据世界气象组织最新统计报告显示,过去半个世纪,气象灾害致死超 200 万人,而 2020 年和 2021 年,全球有记录的灾害死亡人数仅 22608 人,这得益于大气科学的进步、气象预警改进和灾害管理协调。

　　未来大气科学发展,关键仍然是人才,特别是世界级杰出人才。中国式现代化是人才引领驱动的现代化,解放和发展大气科学人才生产力,是永恒的课题,我们永远任重道远。2023 年 5 月 21 日在广州南沙举行的"2023 年大湾区科学论坛"主论坛上,诺贝尔物理学奖得主、中国科学院外籍院士丁肇中说到与中国科学家合作半个世纪的体会时表示:"中国有世界一流的实验物理学家,他们有想象力,有发展新技术及领导国际合作的经验和能力;他们可以主持最前沿的新实验,继续为人类增长知识做出重要贡献。"这个评价也应是对包括大气科学在内的我国自然科学多领域杰出人才队伍所取得进步的中肯评价。在党的二十大精神指引下,中国正踔厉奋发、笃行不怠稳,在开放中努力建设气象强国,全力推进教育、科技、人才三位一体新型强国体制的高水平建设,努力形成大气科学人才国际竞争的比较优势,力争早日成为大气科学领域全球重要的科学中心、人才中心和创新高地。只要坚定不移地大踏步往前走,风景一定会这边独好!

案例一

快速发展的粤港澳大湾区气象事业

　　粤港澳大湾区是 2014 年由广东省建议、2018 年 2 月党中央国务院正式批准和启动的国家重大战略之一。地域包括香港、澳门和广东省广州市、深圳市等 9 个城市,面积 5.6 万平方千米,人口 7000 万人,2022 年经济总量已超过 13 万亿人民币。

　　粤港澳大湾区是中国式现代化的排头兵。为积极配合粤港澳大湾区的高质量发展,气象事业的发展在这个区域也日新月异,比如:

　　一、中山大学大气科学学院的发展

　　中山大学大气科学学院是我国南方特别是粤港澳大湾区大气科学发展的一大亮点。

　　中山大学的大气科学学科源自 1961 年创办的中山大学地理学系气象学专业,1979 年成立气象系,1986 年更名为大气科学系,2015 年成立大气科学学院。迄今为止,大气科学学院已建立了从本科、硕士到博士的完整人才培养体系。目前设有大气科学、应用气象学两个本科专业,并设有气象学、大气物理学与大气环境、气候变化与环境生态学、空间物理学四个硕士点和博士点。

　　中山大学地处南海之滨、位于粤港澳大湾区的核心区域、地处亚热带季风区,由于地域上的特殊性,中山大学的大气科学人才培养长期以来聚焦于南海及周边地区的灾害性天气气候、大湾区城市群的气象灾害和环境污染、季风和台风等热带和亚热带大气环流系统、海-陆-气相互作用、地球系统模式以及全球变化研究等,在这些领域形成了特色和优势。在本科人才培养方面,逐步形成了以气象学、大气物理和大气化学、海洋气象学以及空间天气学 4 个优势的发展方向。根据这 4 个优势的发展方向,本科培养到了高年级实施模块化的课程设置,以创新能力培养为导向,对本科生进行个性化培养。目前,中山大学是大气科学本科学生人数最多的综合性大学之一,一年级根据学校的安排实行大类招生和大类培养,第三学年分流到大气科学专业和应用气象学专业进行分开培养。在高年级学生可以根据自己的需要和兴趣,模块化地系统选修相关学科方向的课程,实行个性化培养。

2020 年 9 月,中国气象局与中山大学签署战略合作协议,双方将在气象核心技术攻关、科技平台建设、气象人才培养等多方面开展合作,中山大学大气科学学院在新征程上重任在肩、砥砺前行。

从 1961 年中山大学地理系气象专业成立到 1979 年中山大学气象系诞生,从1985 年中山大学气象系更名为大气科学系,到 2015 年中山大学大气科学学院的成立,历届毕业生不仅为华南地区及国家的气象事业做出了突出贡献,或活跃在国际上多个国家的气象行业,有不少也走上了多个行业的领导岗位,如中山大学、广东省气象局、广州市气象局等。

二、世界气象中心大湾区分中心即将投入使用

世界气象中心大湾区分中心位于中新广州知识城科教创新区的"玲珑云塔",该项目 2023 年竣工并投入使用,将承接起世界气象中心(北京)为葡语系国家、海上丝绸之路沿线国家和地区提供气象预报预测指导产品、技术交流的职能。

该项目主楼 1—5 层为业务、展示、创新实验以及成果转化区,6—8 层为学术交流及业务用房,9—13 层为碳中和研究院,依照实验、交流、科研各自的空间特征,形成"石林水院""风云平台""云上绿谷"三组功能模块,各功能模块紧密串联,有机融合为一体。

该项目投入使用后将成为全球首个世界气象中心分中心、"一带一路"气象学术交流中心、世界级碳中和研究院以及具有国际先进水平的气象人才培训基地,有望为解决粤港澳大湾区气象防灾减灾以及国际远洋航运气象保障等多项"卡脖子"技术提供保障,同时,碳中和研究院的建设,将为广州市谋划实现碳达峰碳中和的解决办法和路线图,支持创建一批绿色增长、节能减排、碳中和领域的有关企业,助力大湾区发挥全球气象业务"桥头堡"作用,以实现经济高质量发展。

三、国家和粤港澳三地气象部门加强交流、深度合作

香港天文台是一个历史悠久的香港地区气象服务和管理部门;澳门气象管理和服务部门由澳门地球物理暨气象局(简称澳门气象局)负责。境内 9 个城市的气象局均在中国气象局和广东省气象局的领导下。

随着粤港澳大湾区建设的启动和不断深入,中国气象局以及粤港澳三地气象部

门的合作与学术交流活动日趋频繁。

2015 年中国气象局、澳门地球物理暨气象局和葡萄牙气象局三方第八次气象技术会议在澳门举行,2016 年澳门气象部门又派员访问国家气象中心。双方就定量降水、卫星监测台风、数据产品开发、强天气预报技术、气象灾害风险预警等议题开展预报业务探讨。

2020 年 9 月,中国气象局与中山大学签署战略合作协议,双方将在气象核心技术攻关、科技平台建设、气象人才培养等多方面开展合作。

2020 年 11 月,第一届粤港澳大湾区极端天气气候及灾害风险学术交流会举行。会议由广东省气象学会、中山大学大气科学学院联合主办,广东省气象学会天气学专业委员会承办,南方海洋科学与工程广东省实验室(珠海)和汕头市气象局协办。会议探讨了极端天气气候的过程特征、演变规律、发展机理、预报预警、灾害风险、致灾机理与管控应对,以及粤港澳大湾区极端天气气候灾害链的风险管控与应对。

2021 年 7 月,澳门科技大学澳门环境研究院邀请中国灾害天气领域著名专家、中山大学大气科学学院王东海教授进行了题为"粤港澳大湾区台风暴雨等极端天气精准预报及灾害防御"的学术报告。

2022 年 9 月,"粤港澳大湾区极端天气气候灾害链的风险管控与应对"学术交流会在香港中文大学(深圳)举行。

四、粤港澳大湾区地方气象局的优秀代表——东莞市气象局

东莞市是粤港澳大湾区境内的重要城市之一,东莞市气象局既是广东省气象局的下属单位,又是东莞市人民政府主管气象工作的职能部门,实行上级业务部门为主与本级政府双重领导的管理体制。该局在东莞境内建有 1 个人工观测站、100 个自动气象站,还建成了以卫星通信为主、地面公用数据通信网为辅的气象业务和政务通信体制及高速宽带通信网络,传递分发气象信息。对外提供非常丰富的产品,包括短时(0—12 小时)天气预报、短期(3 天内)天气预报、中期天气预报(4—10 天)、长期(月、季、年度)天气趋势预报、森林火险、城市火险、防火气象预报警报、农业气象情报预报、气候诊断与评价和环境评价。另外,气象局还提供城市空气质量等与公众生活、交通、经济紧密相关的专业气象预报。

东莞市气象天文科普馆位于东莞市植物园内,是东莞市城乡防灾减灾工程的重要组成部分。该馆设置了气象万千、气象灾害防御、小球大世界、气象工作站、气候变化长廊、低碳一天和彩虹影院等多个主题展区,运用声、光、影和电等现代科技手段,将气象知识的科学性、互动性、实用性、趣味性融于一体,寓教于乐。

案例二

走在时代前列的广州市气象局

1952 年,广州气象观测站位于越秀区福今路(现广东省气象局)。

1957 年,广州气象观测站迁移至当时天河机场(现天河区)。

1985 年,广州市气象管理处转为广州市气象局(处级)。

1996 年,广州国家基本气象站迁至现天河区五山(现广东省突发事件预警信息发布中心)。

2002 年,广州市气象局扩编为副省级市气象局。

2011 年,广州国家基本气象站迁至黄埔区水西村。

2012 年,广州市气象监测预警中心建成,位于广州市番禺区大石街道南大路植村工业一路 68 号,即现今广州市气象局办公场所所在。

截至 2023 年,广州市气象局共有 6 个内设机构(分别为办公室、观测预报处、计划财务处、人事教育处、应急减灾处、政策法规处)、5 个直属单位(分别为广州市气象台、广州市突发事件预警信息发布中心、广州市气候与农业气象中心、广州市防雷减灾管理办公室和广州市气象公共服务中心)和 9 个区气象局(分别为海珠区气象局、荔湾区气象局、白云区气象局、黄埔区气象局、花都区气象局、番禺区气象局、南沙区气象局、从化区气象局、增城区气象局)。全市气象系统共核定编制 374 人。共有正高级职称 6 人,副高级职称 81 人;博士 8 人,硕士 82 人。

近年来,广州市气象局党组坚持以习近平新时代中国特色社会主义思想为指导,全面学习贯彻落实党的二十大精神,深入学习贯彻习近平总书记视察广东重要讲话、重要指示精神和关于气象工作重要指示精神,锚定高质量发展目标任务,在全国大城市气象高质量发展评价中位居前列。

一是在气象高质量方面发挥排头兵、领头羊、火车头作用。推动广州市出台《落实粤港澳大湾区气象发展规划实施方案》《加快推进气象高质量发展实施方案》,明确实施六大能力提升工程和打造气象高质量发展南沙场景重点任务。大力推进气象高质量发展,落实中国气象局和省气象局决策部署,建成世界气象中心(北京)粤港澳大湾区分中心,面向"一带一路"沿线国家成功举办国际气象人才培训班。加快推进气象科技能力现代化和社会服务现代化,搭建科技创新平台,建设气象科技协同创新中心、大湾区气象智能装备研究中心、荔枝特色农业气象服务中心等湾区级科研实体。积极融入市委"1312"思路举措,拓展服务覆盖面至 13 个行业,建立直通式沟通协调机制,气象增产减损效益显著。

二是努力担当全省气象创新发展引擎。积极承担国家级和省级试点任务,为气象部门改革创新提供有益的探索。圆满完成大城市精细化预报试点任务,实现了由传统的"单点预报"向"网格预报"的转变,建立起"网格编辑—数字转换—模版生成—自动分发—服务公众"的精细化天气预报服务流程,精细化预报技术和预报质量均得到明显提升,市县一体化网格预报预警系统在全省应用。开展超大城市综合气象观测试验,布设五条垂直廊线观测设备,率先建成帽峰山温室气体站和智慧灯杆观测服务网,推进全市 21 套微型气象站组网建设。在国内率先探索建设超高时空分辨率 X 波段相控阵雷达观测试验网,成果辐射粤港澳大湾区及粤东西北地区,带动粤港澳三地气象监测水平上新台阶,建设经验在全国十多个省(自治区、直辖市)推广应用,有效提高对龙卷、冰雹、雷暴等强对流天气的监测预警水平。

三是切实发挥气象防灾减灾第一道防线作用。坚持"人民至上、生命至上",在实战中不断提升广州气象服务保障能力,近十年来年均成功应对 40 场左右暴雨及 2—3 次台风等重大天气过程、年均完成 60 场重大活动气象保障服务。聚焦广州超大城市运行安全,出台了"1 方案＋17 指引",建立了内涝、交通、住建、景区等行业影响预报和风险预警业务,实现预警信号和灾害响应的高效联动。气象公共服务可获取渠道覆盖率 100％,气象防灾减灾知识普及率上升到 95％,气象服务总体满意度连续 7 年位居全省气象部门前列。

广州市、珠海市和中山市等气象局都是广东省气象行业颇有特色的先进单位。

结束语

党的二十大发出了以中国式现代化全力推进实现中华民族伟大复兴的进军令，并提出将教育、科技和人才作为三位一体的强国新体制，国务院 2022 年 4 月印发的《气象高质量发展纲要(2022—2035 年)》也明确了我国加快建设气象强国步伐的路线图。2021 年中央人才工作会议提出的努力建设世界重要人才中心和创新高地的时代要求，也给气象领域提出了更高要求。

大气科学人才是我国人才队伍的重要组成部分，大气科学领域是科技创新的重要方面。努力建设世界一流大学和世界一流学科，大气科学学科均扮演重要角色。建设教育强国、科技强国和人才强国与建设气象强国是相辅相成的。

我国的大气科学事业发展与欧美国家相比虽然起步较晚，但发展迅速；虽然目前发展水平与世界顶尖发展水平仍有一定差距，但只要我们坚定信心，顽强拼搏，锲而不舍，久久为功，并充分发挥中国特色社会主义的制度优势、组织优势等，一定可以做到后来居上。

要建成气象强国，拥有更多的高水平人才特别是世界级大师等紧缺人才是关键。要加快培养更多的大气科学的各类人才，特别是高学历、高成就人才，自主培养和积极推进国际合作和交流均是主要途径，同时，要积极引进高层次人才，并用好各类人才。

全面建设社会主义现代化强国的新征程已经在路上，只要我们抓住机遇，只争朝夕，不懈努力，紧紧抓住高水平创新型人才这个关键，我国大气科学事业一定会早日走在世界的最前列，我国建成气象领域世界重要人才中心和创新高地的目标也一定能早日实现。

参考文献

《竺可桢传》编辑组,1990. 竺可桢传.[M]. 北京:科学出版社.

安德鲁·雷夫金,等,2021. 气象之书.[M]. 王凯译. 重庆:重庆大学出版社.

毕思文,等,2002. 地球系统科学.[M]. 北京:科学出版社.

陈静生,等,2001. 地学基础.[M]. 北京:高等教育出版社.

陈学溶,2012. 中国近现代气象学界若干史迹.[M]. 北京:气象出版社.

陈正洪,等,2014. 胸怀大气:陶诗言传.[M]. 上海:上海交通大学出版社.

樊洪业,等,2015. 我的气象生涯:陈学溶百岁自述.[M]. 北京:中国科学技术出版社.

范天锡,2014. 气象卫星与卫星气象.[M]. 北京:气象出版社.

葛孝贞,等,2013. 大气科学中的数值方法.[M]. 南京:南京大学出版社.

耿金,2015. 气象先驱陈一得.[M]. 昆明:云南人民出版社.

龚之贵,2016. 宇宙学基本原理.[M]. 北京:科学出版社.

郭传杰,等,2014. 创新改变世界:18位著名科学家的创新故事.[M]. 北京:科学出版社.

国家自然科学基金委员会,1996. 现代大气科学前沿与展望.[M]. 北京:气象出版社.

何金海,等,2012. 大气科学概论.[M]. 北京:气象出版社.

黄瑞芳,等,2017. 气象与大数据.[M]. 北京:气象出版社.

姜世中,等,2010. 气象学与气候学.[M]. 北京:科学出版社.

焦维新,2003. 空间天气学.[M]. 北京:气象出版社.

杰克·查洛纳著,2014. 发明天才:他们这样改变世界.[M]. 龙金晶,等,译. 北京:人民邮电出版社.

李凤岐,2014. 为什么他们可以成为大师:7位华人诺贝尔科学奖得主的成功法则.[M]. 北京:科学出版社.

李娟娟,2013. 陶诗言传.[M]. 南京:江苏人民出版社.

刘强,2015. 几代开山人:中国地学先驱者之精神及贡献.[M]. 北京:科学出版社.

吕克利,等,2014. 动力气象学.[M]. 南京:南京大学出版社.

罗洪铁,周琪,2013. 人才学原理.[M]. 北京:人民出版社.

骆承政,等,1996. 中国大洪水-灾害性洪水述要.[M]. 北京:中国书店.

缪启龙,等,2010. 现代气候学.[M]. 北京:气象出版社.

潘志祥,等,2013. 高空气象观测.[M]. 北京:气象出版社.

沙润,等,2003. 地球科学精要.[M]. 北京:高等教育出版社.

孙学金,2009. 大气探测学.[M]. 北京:气象出版社.

田新娟,2014. 漫谈30位院士的智慧和故事.[M]. 沈阳:辽宁科学技术出版社.

汪新文,等,2013. 地球科学概论.[M]. 北京:地质出版社.

王通讯,2005. 人才学新论 . [M]. 北京:蓝天出版社 .

王伟民,等,2011. 大气科学基础 . [M]. 北京:气象出版社 .

王振会,等,2016. 大气探测学 . [M]. 北京:气象出版社 .

威尔·杜兰特,2010. 世界文明史 . [M]. 台湾幼狮文化,译 . 北京:华夏出版社 .

威廉·伯勒斯,2007. 21 世纪的气候 . [M]. 秦大河,丁一汇,译校 . 北京:气象出版社 .

吴增祥,2007. 中国近代气象台站 . [M]. 北京:气象出版社 .

谢世俊,2016. 中国古代气象史 . [M]. 武汉:武汉大学出版社 .

叶忠海,2005. 人才学基本原理 . [M]. 北京:蓝天出版社 .

叶忠海,等,2013. 新编人才学通论 . [M]. 北京:党建读物出版社 .

于新文,等,2019. 中国气象发展报告 2019. [M]. 北京:气象出版社 .

张珂,等,2009. 地球科学概论 . [M]. 北京:现代教育出版社 .

张清平,2012. 竺可桢 . [M]. 郑州:河南文艺出版社 .

赵永乐,等,2013. 宏观人才学概论 . [M]. 北京:党建读物出版社 .

郑其绪,等,2013. 微观人才学概论 . [M]. 北京:党建读物出版社 .

附录一　中国有大气科学类专业的主要大学和科研院所

一、中国有大气科学类专业的大学

南京信息工程大学（原南京气象学院）、成都信息工程大学（原成都气象学院）、南京大学、兰州大学、中山大学、北京大学、中国科学技术大学、中国海洋大学、国防科技大学、云南大学、复旦大学、中国农业大学、浙江大学、中国地质大学（武汉）、东北农业大学、沈阳农业大学、清华大学、华东师范大学、安徽农业大学、广东海洋大学、中国民航大学、中国民用航空飞行学院、内蒙古大学、江西信息应用职业技术学院、兰州资源环境职业技术大学、无锡学院。

二、国内设有大气科学类专业的科研院所

中国气象科学研究院、中国科学院大气物理研究所、中国科学院地理科学与资源研究所、中国科学院西北生态环境资源研究院、中国科学院青藏高原研究所、中国农业科学研究院农业环境与可持续发展研究所。

附录二 国际上有大气科学类专业的部分著名大学和科研院所

美国:哈佛大学、麻省理工学院、芝加哥大学、普林斯顿大学、耶鲁大学、加州大学洛杉矶分校、纽约大学、宾夕法尼亚州立大学、加利福尼亚大学、科罗拉多州立大学、夏威夷大学、伊利诺伊大学、普渡大学、俄克拉荷马大学、美国国家大气研究中心等。

德国:柏林大学、莱比锡大学;马克斯·普朗克气象研究所等。

挪威:卑尔根大学等。

瑞典:斯德哥尔摩大学等。

英国:伦敦大学、利物浦大学等。

日本:东京大学等。

澳大利亚:澳洲国立大学、阿德莱德大学、墨尔本大学、西澳大学、澳大利亚联邦科学和工业组织大气研究所等。

俄罗斯:俄罗斯科学院应用地球物理研究所等。